# 重力とは何か

アインシュタインから超弦理論へ、
宇宙の謎に迫る

大栗博司



GS
幻冬舎新書
260

# はじめに

## 「知りたい気持ち」は止められない

私は毎日、重力のことを考えています。そう。私たち自身や私たちの周囲にあるすべての物質——机や机の上のコップや自動車や地面や海水や空気など——が宇宙空間に飛んでいかないよう地球につなぎ止めている、あの重力のことです。

それについて何十年も考え続けている私は、世間から見ると、かなりの変わり者に思われるかもしれません。重力の影響を受けていない人間はいませんし、自分の「体重」については真剣に考える人が大勢いますが、重力についてあらためて考える人はめったにいません。

ですから私は、ときどき寂しい思いをします。たとえば子どもの学校の保護者会に顔を出したときなど、初対面の相手に「どんなお仕事を？」と聞かれて「重力の研究をしています」と答えると、まず話が続かない。「重力についてはかねがね不思議に思っていました」などと言われれば話したいことはいくらでもあるのですが、たいていはポカンとされておしまいです。

たまに言葉が返ってきたとしても、

「そうですか。私は高校時代、物理がいちばん苦手でした」

といったネガティブな反応がほとんど。出会ったのが医者や弁護士なら、誰でも相談したいことの一つや二つはあるでしょう。しかし重力の研究者に出会っても、「せっかくだからこの機会に聞いておこう」と思うことはあまりないようです。

実際、私が専門分野の話をしても、日常生活の役に立つことはあまりありません。それこそ、重力のことを知れば体重が減るというなら、保護者会では私のまわりに人だかりができると思いますが……。

しかし私自身は、自分が研究している分野について、多くのことを人に伝えたいと思っています。理由は単純。それが、楽しいことだからです。

私たち人類は、この文明を築き始めてから数千年におよぶ歴史の中で、さまざまな試行錯誤を重ねながら、自然界の謎を解き明かしてきました。私たちは身長一〜二メートルぐらいの生物ですが、いまではその一〇億×一〇億×一〇億倍の大きさを持つ宇宙のことから、《一〇億×一〇億》分の一メートルしかないミクロの世界まで、実に幅広いスケールで理解しているのです。

もちろん未解決の問題もたくさんありますが、人間がまさに「身の丈に合わない」世界について理解を深めているとは、なんとも不思議なことです。生存のためだけなら、身長の一〇〇〇倍（およそ一～二キロメートル）から一〇〇〇分の一（およそ一～二ミリメートル）ぐらいまでの世界が把握できれば事足りるでしょう。これと比べて地球から月までの距離は約四億メートル、最近よく見聞きする「ナノメートル」は一〇億分の一メートルです。進化論的な言い方をすれば、億がいくつも並ぶような世界のことを理解しなくても、人類が淘汰されることはありません。そんな知性を持つ必然性はまったくないのです。

ところが人間は、生活にほとんど関係のないことまで知る能力を得てしまいました。役に立たないことがわかっていても、好奇心には勝てません。そして私は、そんな人間の営みにはすばらしい価値があると思います。

私自身、一度しかない人生のあいだに、この世界のことをできるだけ深いところまで知りたいと願って、研究を続けてきました。重力は、私たちの生活を支配する身近な力です。しかしその正体はまだ完全には明らかになっておらず、これを理解しなければ、自然界の最も奥深い真実に到達することができません。だからこそ重力研究はおもしろいし、その意義を広く伝えたいとも思うのです。

## 重力研究がなければGPSも生まれなかった

それに、こうした研究が思いもかけない形で世の中の役に立つこともあります。

一九六九年、フェルミ国立加速器研究所の初代所長のロバート・ウィルソンが、米国議会に証人として呼ばれて、「素粒子加速器の建設は、わが国の防衛にどのように役に立つのか」と問われたことがあります。この「加速器」とは、素粒子研究に欠かせない実験装置のこと。詳しくはのちほど説明しますが、ミクロの世界を観察する巨大な顕微鏡だと思えばいいでしょう。

当時、シカゴ郊外に加速器を建設する計画が持ち上がっていました。米国原子力委員会による事業の一環でしたが、この原子力委員会は原子爆弾を製造したマンハッタン計画にルーツがあるので、素粒子物理学の研究所であっても、建前上、「国防」に関わる目的が求められます。当時のお金で何億ドルもの予算をかけて建設するのですから、役に立たないのでは国民の納得を得られません。

予算が認められるかどうかの瀬戸際で、ウィルソンはこう答えました。

「この加速器は、直接には国防の役には立ちません。しかし、わが国を守るに足る国にすることに役立ちます」

ウィルソンの答え方も立派なら、これで納得して計画を通した議会も立派だと思います。事実、フェルミ研究所の加速器は、いまでこそジュネーブのＬＨＣ（大型ハドロン衝突型加速器）に取って代わられましたが、長いあいだ世界で最も強力な加速器として活躍し、世界に誇るべき大発見をいくつも成し遂げました。

さらに言えば、科学の発展は一国の名をあげるだけではありません。科学は、合理的な考えを広めることで、人類を迷信や偏見から解放し、宇宙や生命の神秘を明らかにすることで、私たちの世界を豊かなものにしてきました。「科学の目的は、人類の精神の栄光である」という言葉があるように、科学はそれ自体に価値があり、それを生み出すことには大きな意義があるのです。

しかも科学的な発見は、最初は研究者の知的好奇心から生まれたものであっても、長い目で見ると、結果的に世の中の役に立つことが少なくありません。かつて「数学のノーベル賞」とも呼ばれるフィールズ賞を受賞した森重文は、自身の研究している基礎数学が「いますぐには無理でも、五〇年先か、一〇〇年先かわからないが役に立つ。そのためには探究心が最高のコンパスだ」と語っています。算数や数学と言えば、勉強嫌いな子どもが「これ何の役に立つの？」と疑問を抱く科目の筆頭ですが、日常生活からかけ離れた抽象的な研究が、後で思いがけない効用を持つことはよくあるのです。

物理の世界もそうです。たとえばガリレオ・ガリレイは十七歳のとき、教会のミサで「振り子の等時性」を発見したと伝えられています。ミサに飽きたのかどうか、ぼんやりと聖堂の天

［図1］ガリレオ・ガリレイ（1564–1642）

井を見つめていると、シャンデリアの揺れ方がどうも気になる。自分の脈拍で時間を計りながらしばらく観察したガリレオは、振り子の往復にかかる時間が重さや振れ幅とは関係なく、ひもの長さだけで決まることに気づいたというのです。これが本当にあったことかどうかは科学史家のあいだでも意見が分かれています。実際にどのような状況で振り子の等時性の発見がなされたかは定かではありませんが、少なくとも一六〇二年までにはガリレオがこれを理解していたことを示す記録があります。

この発見から生まれた「調和振動」という考え方は、音波や電波など多くの物理現象を説明する理論に広く使われるようになりました。もちろん実用的な技術にも応用され、私たちの日常生活に大いに役立っています。

また、科学者が研究に使う道具がスピンオフして社会全般に広まるケースもあります。最近では、インターネットのウェブブラウザがそうでした。あれは、先ほど名前の出た加速器ＬＨＣのあるＣＥＲＮ（欧州原子核研究機構）で働く技術者が開発しました。ＣＥＲＮでは何千人もの研究者が共同で仕事をしているので、情報を効率よく共有しなければなりません。そこで、サーバーに置いた情報を各自がパソコンで閲覧できる方法が開発され、無料で公開されたのです。この技術は、私たちの日々の生活を大きく変えることになりました。

重力の研究も、これまでさまざまな形で「役に立つ技術」を生み出してきました。たとえば、人工衛星によるＧＰＳ（全地球測位システム）。ニュートンの万有引力の法則を知らなければ人工衛星を飛ばすことができなかったことは容易に想像できるでしょうが、実はアインシュタインの相対論がなければＧＰＳで距離を正確に測定することもできなかったはずです。これについては後で詳しく説明します。

## 重力研究は宇宙の理解につながっている

万有引力の法則と相対論は、いずれも重力の働きに関する画期的な発見でした。そして現在、重力研究はニュートンとアインシュタインの時代に次ぐ「第三の黄金時代」を迎えようとしています。重力にまつわる大規模な観測や実験プロジェクトが次々と始まり、それを支える理論も大きく進歩しつつあるのです。また、これによって私たちの知らなかった宇宙の姿が明らかになってきました。本書ではアインシュタインの相対論に始まる過去一〇〇年間の研究の発展をたどり、最新の重力理論の描く宇宙像をお伝えします。

読み始めたばかりのところでは、「これは何の本なのだろうか」「重力の話はどのように展開していくのだろう」と思われるかもしれません。そこで、お話を始める前に、本書の全体のプランを説明しましょう。

湯川秀樹に続き日本人として二番目にノーベル賞を受賞した朝永振一郎は、京都市青少年科学センター所蔵の色紙に、次のような言葉を残しています。

ふしぎだと思うこと　これが科学の芽です
よく観察してたしかめ　そして考えること　これが科学の茎です
そうして最後になぞがとける　これが科学の花です

重力は私たちの地上での生活を支配している力ですが、あらためて考えてみるといろいろ不思議な性質があります。第一章では、そのうち「七つの不思議」を選んで、これを本書の「科学の芽」とします。

第二章からは、こうした不思議のいくつかがどのようにして解かれてきたか、またそれがどのように宇宙の理解につながってきたかを見ていきます。近代の重力の研究はガリレオやニュートンの時代に始まりました。ところが、十九世紀になって電気や磁気の性質が明らかになるにつれ、これがニュートンの理論とうまくかみ合わないことがわかり、科学者のあいだで大問題になりました。この問題を解決して、新しい重力理論である「一般相対論」を構築したのがアインシュタインでした。そこで、第二章ではアインシュタインの特殊相対論、第三章では一般相対論についてお話しします。

相対論の啓蒙書は数多く出版されていますが、本書はそうした本を読んでいなくてもわかるように書きました。そのときに心がけたのは、「ごまかしをしない」ということ。また、私自身が納得できるように、これまでにない新しい説明の仕方も工夫しました。丁寧に解説したので、全部理解しようとすると、かえってつまずきそうになるかもしれません。そんなときには、とりあえず次の節まで読み飛ばしても結構です。後から読み直すと、「そういうことだったのか」とわかることもあるかもしれません。

アインシュタインの相対論は、今日では宇宙を観測し理解するためになくてはならないものになっています。

光とは電場や磁場の振動が波のようにして伝わっていくものです。アインシュタインは、重力も波のように伝わっていくことを予言し、これは重力波と呼ばれています。間接的な証拠は見つかっていますが、まだ直接的に観測されたことはありません。そこで、岐阜県の神岡鉱山の地下に、これを観測するための大型低温重力波望遠鏡「ＫＡＧＲＡ（かぐら）」が建設されつつあります。重力波観測の目的は、相対論の検証のためだけではありません。人類はこれまでもっぱら光を使って宇宙を見てきました。重力波が観測できるようになると、宇宙を「見る」新しい窓が開けることになります。宇宙には光では見えないものがあるのですが、それが重力波なら見える。宇宙が生まれたときの風景が見える可能性もあるので、重力波観測には大きな期待が寄せられているのです。

アインシュタイン理論のもう一つの大きな予言は、重いものがあるとそのそばで光が曲がるという事実です。最近ではこれを使って、宇宙の中にある目に見えない重力源――「暗黒物質」や「暗黒エネルギー」――を探る研究が行われています。暗黒物質も暗黒エネルギーも、その正体を突き止めることができれば、数百年間にわたって教科書に載るような大発見となることは間違いありません。日本の誇る「すばる望遠鏡」では、遠方の銀河から届く光の曲がりぐあいを観測し、世界最高の精度で宇宙の暗黒物質や暗黒エネルギーを測定するプロジェクトが始まりました。これは、私が主任研究員として参加している東京大学のカブリＩＰＭＵ（数物連携宇宙研究機構）が、国立天文台などと共同で行っている研究です。

第三章の後半では、こうした重力波や暗黒物質の観測の現状について詳しくお話しします。

アインシュタインの重力理論は、ブラックホールの存在を予言しました。ブラックホールは本書の後半で大切な役回りをするので、まず第四章で、それが何であるか、どのようにして見つかったのかをお話しします。

第四章のもう一つの話題は、ホーキングによる「ビッグバンの証明」です。スティーブン・ホーキングは、車椅子の物理学者として有名ですが、彼がなぜ偉いのかを知っている人は少ないかもしれません。宇宙がビッグバンによって始まったことの証明は、ホーキングの最初の大きな仕事でした。証明自身には高度な数学が使われますが、その意義は数式を使わずに解説できます。

折り返し地点の第五章では、相対論と共に二十世紀の物理学を支えてきた量子力学を紹介します。アインシュタインは電気や磁気の理論とニュートンの重力理論の矛盾を解消するために相対論を確立しました。ところが、この相対論が、量子力学とうまくかみ合わないことがわかってきたのです。これを解決する新たな重力理論が本書の後半のメインテーマになります。

第六章ではいよいよ相対論と量子力学を統合する「超弦理論」の話が始まります。「超ひも理論」と呼ばれることもありますが、私たち専門家は「超弦理論」と呼ぶことが多いので、本書ではこちらを採用します。個人的な話をしますと、超弦理論が素粒子論の主流に躍り出たのは、私が大学院に進んだ年でした。自然界の最も奥深い真実を知りたいと思って大学院に入った私は、それ以来この分野の研究を続け、今日に至っています。本書の後半では、私自身がこれまで考えてきたことについてもお話しします。

ホーキングの二つ目の大きな仕事は、相対論と量子力学の矛盾を照らし出す「ブラックホールの情報問題」を指摘したことです。第七章では、超弦理論がこの問題をどのように解決したかをお話しします。この問題の解決の過程で、重力や空間の性質についての新しい見方である「ホログラフィー原理」が明らかになりました。ここが本書のクライマックスです。重力の謎を追って本書を読んでこられた方は、ここでどんでん返しにあうことになります。楽しみにお待ちください。

超弦理論は発展途上の理論で、未解決の問題もたくさんあります。たとえば、第一章で提示する「重力の七不思議」もすべてが解明されたわけではありません。おしまいの第八章では、超弦理論の課題と将来の展望についてお話しします。

大規模な観測や実験のプロジェクトが始まりつつあるこの分野からは、これからさまざまなビッグニュースが届けられることでしょう。いまほど、この分野の研究がエキサイティングな時代はないと言えるかもしれません。重力のことを知っていれば、宇宙の研究から出てくるニュースもより深く理解できる。いま重力は「楽しい」研究分野なのです。

重力とは何か／目次

はじめに　3
「知りたい気持ち」は止められない　3
重力研究がなければＧＰＳも生まれなかった　6
重力研究は宇宙の理解につながっている　9

第一章　重力の七不思議　23
重力は「力」である＝第一の不思議　24
重力は「弱い」＝第二の不思議　26
重力は離れていても働く＝第三の不思議　30
重力はすべてのものに等しく働く＝第四の不思議　33
重力は幻想である＝第五の不思議　38
重力は「ちょうどいい」＝第六の不思議　40
重力の理論は完成していない＝第七の不思議　42

第二章　伸び縮みする時間と空間
——特殊相対論の世界　45
物理学者は急進的な保守主義者　46
物理学の理論は「一〇億」のステップで広がってきた　48
ナノレベルの世界のナノテクノロジー　53
電波も光も放射線も、みな電磁波の一種　55
どんなに足し算しても光の速さは変わらない　57
光速の不変性を実証した「マイケルソン＝モーリーの実験」　59
同時に出したのになぜ後出しジャンケンになるのか　64
列車の中の一秒と外の一秒の長さが違う！　70
時間だけでなく距離も伸び縮みする！　72
「$E=mc^2$」とは固定相場の為替レート　73
なぜエネルギーを質量に変換できるのか　78
もし光より速い粒子があったらどうなるか　82
第三章　重力はなぜ生じるのか
——一般相対論の世界　85

まずは「次元の低い」話をしよう 86
二次元空間に「球」が現れたらどう見えるか 87
円の中心にものを置いたら中心角が三六〇度より減った!? 91
重力の正体は時間や空間の歪みだった 95
アインシュタインの人生最高のひらめきとは? 97
消せる重力、消せない重力 100
回転する宇宙ステーションの中では何が起きるか 103
円周率=三・一四……が成り立たない世界 105
数学者ヒルベルトとアインシュタインのデッドヒート 110
水星の軌道を説明できた――アインシュタイン理論のテストその一 113
重力レンズ効果が観測できた――アインシュタイン理論のテストその二 115
重力波をキャッチせよ――アインシュタイン理論のテストその三 120
あてになるカーナビ――アインシュタイン理論のテストその四 124
第四章 ブラックホールと宇宙の始まり――アインシュタイン理論の限界 127
地球も半径九ミリまで圧縮すればブラックホールに 128

越えたら二度と戻ってこられない「事象の地平線」 130
超巨大ブラックホール・クェーサー 134
アインシュタイン理論が破綻する「特異点」 137
宇宙の膨張を明らかにしたハッブルの発見 139
宇宙の膨張を加速させる「暗黒エネルギー」とは？ 142
宇宙が火の玉だった一三七億年前の「残り火」 146
ビッグバン理論に強く抵抗した科学者たち 149
アインシュタイン理論の破綻を証明し、ホーキングがデビュー 152

第五章　猫は生きているのか死んでいるのか——量子力学の世界 157

「光の正体は波」で決着したはずが…… 158
「光は波」では説明できない光電効果という現象 160
「光は粒」と考えた、アインシュタインの「光量子仮説」 162
放射線障害のメカニズムも「光は粒」で説明できる 164
すべての粒子は「粒」であり「波」でもある 166

常識ではとても受け入れがたい量子力学の世界 169
「あったかもしれないことは、全部あった」と考える!? 172
「生きた猫」と「死んだ猫」が一対一で重なり合う!? 174
位置を決めると速度が測れない!?――不確定性原理 177
量子力学と特殊相対論が融合して「反粒子」を予言 180
なぜ未来から過去に戻る粒子がなければならないのか 182
粒子と反粒子が対消滅と対生成をくり返す 189
真空から粒子が無限に生まれてしまう「場の量子論」 192

第六章 宇宙玉ねぎの芯に迫る――超弦理論の登場 195

「宇宙という玉ねぎ」はどこまで皮がむけるか 196
加速器を巨大にすれば無限に小さなものが見えるのか 198
宇宙という玉ねぎの「芯」は「プランクの長さ」 201
宇宙の根源を説明する、究極の統一理論とは? 203
朝永＝ファインマン＝シュウィンガーの「くりこみ理論」 205
素粒子とはバイオリンの「弦」のようなもの!? 208

弦理論から素粒子全体を扱える超弦理論へ 210
立ちはだかる六つの余計な次元と謎の粒子 212
シュワルツ、苦節一〇年の末の革命的な発見 214
小さな空間に六つの余剰次元が丸め込まれている!? 216
標準模型の説明に必要な道具立てがすべて揃った 222
六次元空間の計算に使える「トポロジカルな弦理論」 225

## 第七章 ブラックホールに投げ込まれた本の運命
### ——重力のホログラフィー原理 231

粒子のエネルギーが「負」になると何が困るのか 232
ブラックホールの中ではエネルギーが「負」になってしまう 234
ブラックホールが蒸発する「ホーキング放射」とは? 238
ホーキング理論を裏づける宇宙背景放射の「ゆらぎ」 239
ブラックホールに投げ込んだ本の中身は再現できるのか 242
一〇の「一〇の七八乗」乗もの状態は果たして可能か 245
「二次元の膜」「三次元の立体」を想定して突破口を開く 249

ブラックホールの表面に張りつく「開いた弦」 251
大きなブラックホールは通常の物理法則で計算できた 253
小さなブラックホールの計算は「トポロジカルな弦理論」で！ 256
エントロピーが体積でなく表面積に比例する奇妙な現象 258
すべての現象が二次元のスクリーンに映し出されている 260
量子力学だけの問題に翻訳されたブラックホールの情報問題 263
そしてホーキングは勝者に百科事典を贈った 265

第八章　この世界の最も奥深い真実
――超弦理論の可能性 269

ホログラフィー原理の思いがけない応用 270
宇宙は一つだけでなく無数にある？ 273
この宇宙はたまたま人間に都合よくできている？ 276
相対論と量子力学を融合する唯一の候補 280

あとがき 286

イラスト・図表　大栗博司
ＤＴＰ　美創
編集協力　岡田仁志

# 第一章 重力の七不思議

## 重力は「力」である＝第一の不思議

さて、本格的な重力理論の話に入る前に、ここでは重力をめぐる「七つの不思議」についてお話ししておくことにしましょう。誰でも日常的に感じているため、「あって当たり前」と思われがちな重力ですが、実はさまざまな不思議に満ちています。

そもそも人類はいつから重力の不思議さに気づき、それを科学の研究対象にしてきたのでしょうか。重力は「リンゴが木から落ちるのを見てニュートンが発見した」と言われることもありますが、そうではありません。もっと古くから、人間は物体が地面に落ちる現象を不思議に感じ、その理由を考えてきました。

ただし、最初からそこに何らかの「力」が働いていると考えられたわけではありません。古代ギリシャの哲学者アリストテレスは、物質そのものに「本来の場所に戻る性質」があると考えました。エサを探しに行った鳥が自分の巣に帰るように、いったん上に投げ上げられた石も本来の居場所である地面に返るというわけです。また、当時は物質には火、水、土、空気の四元素があると考えられており、土の成分の多い物体ほど地球の中心に戻ろうとして速く落ちるとされていました。ヨーロッパでは、この考え方が中世まで続いていたのです。

しかし、この考え方では動きの説明できない物体もありました。太陽、月、星などの天体です。空の上で周期的な動きをくり返す天体は、地上の物体と違って「本来の居場所」を持っているように見えません。そのため当時の人々は、天界は火、水、土、空気ではない「第五の元素」からできており、地上とは異なる法則に支配される別世界だと考えました。

その考え方を根底から覆《くつがえ》したのがアイザック・ニュートンです。

ニュートンはまず、物体に働く「力」を明確に定義しました。それによれば、物体の運動を変えるものはすべて「力」です。力が何も働いていなければ、物体の運動は変わることがなく、同じ速度でまっすぐに動きます（静止している物体も「同じゼロ速度」で静止したままです）。しかし力が働くと、運動の方向や速度などが変化する。たとえば止まっているサッカーボールを蹴ると転がるのは、そこに力が加えられたからです。ニュートンのこの定義によって、物理学は「物体」とそこに働く「力」による現象を記述する学問として確立されました。

［図2］**アイザック・ニュートン（1642–1727）**

すると当然、物体が地面に落ちる現象も、「力」の働きで説明されます。力が作用していなければ、手から離れた石は空中に浮かんでいるはずです。それが地面に向かって動くのは、地球からの引力という「力」によって石の運動が変化するからなのです。

そしてニュートンは、その引力が「万有」であることに気づきました。「リンゴが木から落ちるのを見てひらめいた」というのは後で作られた伝説だと思われますが、ニュートンの考えによれば、そのとき引力で相手を引っ張っているのは地球だけではありません。リンゴも地球を引っ張っています。

また、「万有引力」という以上、これは地上の物体だけに備わっている力ではありません。ニュートンは、天界の太陽や月や星もお互いに引力で引っ張り合い、それによって運動していると考えました。それこそが、ニュートンの発見の最も偉大な点です。それまで別世界だと思われていた地上と天界が、ここで初めて理論的に統一されました。石やリンゴが地面に落ちる現象も、月が地球のまわりを回る現象も、同じ一つの理論で説明できるようになったのです。

## 重力は「弱い」=第二の不思議

とはいえ、万有引力が働く仕組みを解明したニュートンも、その「力」がどうして生じるのかまでは説明しませんでした。重力が生じる仕組みについては、アインシュタインの登場を待たなければならなかったのですが、それについてはのちほどお話ししましょう。

それ以前に、ニュートンが主張したように重力が本当に「万有」なのかどうかについても、実際に検証されるまでにはかなりの時間がかかりました。実験によって、地上の物質同士のあいだに重力が働いていることが証明されたのは、十八世紀の終わり頃のこと。ニュートンの発見からは一〇〇年以上も経っていたのです。

どうして、万有引力を検証するのにそんなに時間がかかったのでしょうか。それは、重力が「弱い」からです。

重力は地球上のほぼすべての物質を地面に縛りつけているのですから、「弱い」と言われて意外に感じる人も多いと思います。スペースシャトル「ディスカバリー」に搭乗した山崎直子宇宙飛行士も、地球に帰還したときに「重力の強さを非常に感じています」と語っていました。たしかに、無重力の世界から帰ってくれば、重力は「強い」と感じられるでしょう。

しかし、ここで重力が「弱い」というのは、別の「力」と比較しての話です。自然界で物質に働く力は、重力だけではありません。身近なところでは、「磁力」が挙げられます。磁気には引力のほかに反発する力（斥力《せきりょく》）があるのに、重力には引力しかありません。そこで、引力同士を比較すると、磁力のほうが明らかに強い。それを確認するのは簡単です。

もし手元に磁石があったら、机の上に鉄製のクリップでも置いて、上から近づけてみてください。冷蔵庫にメモを貼りつけておくような小さい磁石で十分です。ある程度まで近づけると、クリップはピョンと跳び上がって磁石にくっつくでしょう。ごく当たり前の現象だと思われるかもしれませんが、そのクリップは、下から地球の重力でも引っ張られています。地球の重さは、六〇億×一〇億×一〇億グラム。重力は重い物体ほど強いのですが、それだけの重さを持つ地球の重力よりも、ほんの数グラムしかない小さな磁石の引力のほうが強いということです。ですから、もし地球と同じ重さの磁石が隣にあったら、地上の鉄はみんなそちらに吸い寄せられてしまうでしょう。

ところで、磁力は十九世紀にジェームズ・クラーク・マクスウェルによって電気力と統一されて以降、「電磁気力」とひとまとめに呼ばれるようになりました。磁力は磁石でもないとその存在を感じられませんが、実は電磁気力も重力と同じくらい身近な力です。もし電磁気力が存在しなければ、物質はまとまっていられません。分子が電磁気力によってしっかりとくっついているから、物体は（もちろん私たちの体も）バラバラにならないのです。

そして、もし電磁気力が重力よりも弱かったとしたら、私たちは机の上で頬杖をつくこともできないでしょう。肘が机を通り抜けて、ガクンと下に落ちてしまうはずです。強い電磁気力が重力に打ち勝っているから、私たちは安心して頬杖をつくことができるし、椅子にも座ることができるわけです。

電磁気力がそうやって分子を強固にくっつけている一方、重力はきわめて弱いので、たとえば机の上で鉛筆と消しゴムを近づけても、お互いを引き寄せようとはしません。実際には鉛筆にも消しゴムにも重力があるのですが、それが働いているようには見えないのです。

その弱い重力の存在を実験で確認したのは、イギリスのヘンリー・キャベンディッシュという科学者でした。ニュートンが万有引力の理論を発表してから、一〇〇年以上後のことです。使ったのは、「ねじり天秤」という実験装置。鉛の玉を二つぶら下げて、それがお互いの重力で近づくとワイヤーがねじれる仕組みになっています。ほんのわずかな変化ですから、空気の動きや床の振動などの影響を受けないようにするのが大変だったと思いますが、キャベンディッシュは装置を木箱に入れて小屋の中に置き、それを遠くから望遠鏡で観測することで、四ミリメートル程度の動きを計測しました。

ただ、この実験によって物体間で重力が働くことはわかったものの、二〇分の一ミリメートル以下の距離での重力現象については、まだニュートンの理論が正しいかどうか検証されていません。たとえばニュートン理論には、重力の強さが物体間の距離の二乗に反比例するという法則（逆二乗法則）があります。これは巨大な天体の運動を見事に説明できる理論ですが、二〇分の一ミリメートル以下の短い距離（頭髪の太さぐらいですね）になると精密に測定できないため、この法則がこのような距離でも本当に成り立つかどうかはわかっていないのです。

これほど弱い重力が私たちの日常生活を支配していることを、不思議に思う人もいるでしょう。電磁気力のほうがはるかに強いなら、重力など無視できる程度にしか感じなくてもおかしくありません。たしかに、頬杖をついても肘が机を通り抜けないのは電磁気の力のためで、これは無視できません。しかし、たとえばリンゴと地球であるとか、月と地球、天体のあいだに働く力を考えると、これらはすべて重力によるものです。

日常生活で電磁気力より重力を意識することが多いのは、重力には「引力」だけで、「斥力」がないからです。電磁気力には引力と斥力の両方があって、たとえばプラスとマイナスの電荷は引きつけ合いますが、プラス同士、マイナス同士は反発します。私たちのまわりにあるもののほとんどは、プラスとマイナスの電荷をほぼ同じだけ持って、中性になっているので、電磁気の引力と斥力は打ち消し合ってしまうのです。それに対して重力は引力だけなので、弱くてもすべて合わせれば大きな力になる。私たちが地球から受ける力のほとんどが重力なのはそのためです。

これからお話ししていくように、宇宙の始まりと進化、そして宇宙はこれからどうなっていくのかを考える上でも、重力がいちばん大切になります。

## 重力は離れていても働く＝第二の不思議

ここまで述べてきたとおり、地球が重力でものを引きつける現象は、磁石が磁気力で鉄を引きつける現象と同様、自然界に存在する「力」によって生じます。でも、この二つの現象を同列に並べて比較することを意外に感じた人もいるのではないでしょうか。重力がありふれた日常の現象であるのに対して、磁石の力には何か「特殊」な現象のようなイメージがあるからです。

たとえば小さな子どもに、磁石がくっついたり離れたりするのを見せると、おもしろがってそれで遊び始めます。これも、それが特別なことだと感じるからでしょう。ボールが床に落ちるのを見せても、子どもはあまり喜びません。

子どもが磁石をおもしろがるのは、「離れているのに物体が動く」からです。ふつう、ものを動かそうと思ったら、手で押すにしろ、歯車を使うにしろ、直に接触して力を伝えなければなりません。ところが、磁石は離れたままものを動かすことができるので、子どもにはまるで魔法か手品のように感じられるわけです。

しかし実際には、重力も「離れている物体を動かしている」という点で磁力と変わりません。いまはテレビのリモコンなどを誰でも当たり前に使っているので、こうした「遠隔力」を不思議だと感じる人はあまりいませんが、昔の人々にとって、重力が接触なしに伝わるという考え方は容易には受け入れられないものでした。ニュートンの登場以前から、物体が落ちる現象を「遠隔力」で説明しようとする人々はいましたが、大半の人々は「そんなバカな」と思い、それを荒唐無稽な珍説として扱っていたのです。磁石の力は神秘的なものとして例外的に受け入れられても、自分たちの日常を支配している重力までが「遠隔力」だと認めることには抵抗があったのでしょう。

そんな時代によく引き合いに出されたのが、「武器軟膏《なんこう》」という薬の話でした。これは離れていても効く軟膏のことで、たとえば戦争で誰かが怪我をしたとき、その傷口ではなく、傷つけた武器のほうに軟膏を塗ると怪我が治るという代物です。もちろん迷信のようなもので、そんな薬は実在しません。ですから、重力が遠隔力だと主張すると「そんなものは武器軟膏と同じではないか。バカバカしい」と反論されたわけです。

ちなみに『薔薇の名前』で有名なイタリアの作家ウンベルト・エーコの小説『前日島』には、大航海時代に、これを利用して時間を知る話が描かれています。当時は、航海中にどうやって時間を正確に計るかが重要な問題でした。時間さえわかれば、太陽や星の位置から経度を割り出し、自分たちが広い海のどこにいるのかがわかるからです。そこで小説の登場人物は、傷をつけた犬を船に乗せ、その血のついた包帯を港に残しました。港にいる人は毎日正午になると、その包帯に薬を塗ります。すると遠く離れたところにいる犬が痛がってキャンキャンと吠えるので、航海中でも時間がわかる。犬の鳴き声が「時報」になるというわけです。

重力の遠隔作用は、こういうオカルトめいた薬と同じくらい信用されませんでした。たしかに、常識的に考えれば武器軟膏などあり得ないのですから、その理屈でいけば、リンゴが木から落ちる現象や月が地球のまわりを回る現象を遠隔力で説明するのもきわめて非常識なことになります。

しかし磁力の遠隔作用は誰も否定できないのですから、重力についてもそれがまったくあり得ないとは断言できません。そのため、磁力への理解が進むにつれて、重力の遠隔作用も信じられるようになりました。毎日出版文化賞や大佛次郎賞などを受賞した山本義隆の『磁力と重力の発見』（みすず書房）には、磁力の理解がニュートンの万有引力の発見につながった背景が描かれていますので、興味のある方にはご一読をお薦めします。

ただしその後、自然界で働く「力」の研究が進んだ結果、電磁気力といえども離れたもののあいだに瞬間的に力が伝わるわけではないことがわかりました。これものちほど詳しく説明しますが、磁石が鉄を引き寄せるとき、両者のあいだでは力を伝える粒子が行き来しています。これは、重力でも同じことです。まだ発見されてはいませんが、リンゴと地面、月と地球のあいだでも、やはり目に見えない粒子が重力を伝えていると考えられています。

## 重力はすべてのものに等しく働く＝第四の不思議

科学の発見をめぐるエピソードの中には、真偽不明な伝説が少なくありません。聖堂のシャンデリアの揺れ方を見て振り子の等時性を発見したというガリレオの話や、リンゴが木から落ちるのを見て万有引力の法則をひらめいたというニュートンの話もそうですが、重力に関してはもう一つ有名なエピソードがあります。ガリレオが行ったとされる「ピサの斜塔」の実験です。塔の上から同じ大きさの鉄の球と木の球を同時に落としたところ、「重いほうが先に落ちる」という大方の予想に反して、どちらも同じ速さで落下した――この実験も、実際には行われていないという説が有力です。

しかし、だからといってその実験結果が間違っているわけではありません。一九七一年には、アポロ一五号のデイビッド・スコット船長が、月面で同じような実験をやってみせました。空気抵抗のない月面でカナヅチと鳥の羽根を同時に落とすと、まったく同じ速さで落下したのです。

これは、私たちの直感に反する現象だと言えるでしょう。アリストテレスも「土元素」が多い（つまり重い）物質ほど速く落ちると考えていました。ガリレオの時代までは、誰もがそう信じていたのです。鳥の羽根や紙きれのような軽い物体は空気抵抗の影響を大きく受けるので、それが理解を邪魔していた面もありました。

しかし重力の性質を考えると、重いものと軽いものが同時に落ちるのはやはり不思議です。机の上の鉛筆と消しゴムはくっつこうとしないのに、地球にはあらゆる物体がくっついているのを見ればわかるとおり、重力は質量が大きいほど強く働きます。したがって、重い物体ほど

[図3] **無重力状態でお相撲さんとノミが押し合ったら、弾き飛ばされるのはどちらでしょうか。**

「地球に引っ張られる力」が強い。もし同じ高さから同時にリンゴとスイカを落とせば、より質量の大きいスイカのほうが地球に強く引っ張られるので、先に着地するように思えます。

ところが実際には、そうはなりません。空気抵抗がない場所では、質量に関係なく、物体は同じ速さで落下します。これはなぜでしょうか。

そこで私たちが忘れがちなのは、ものは重いほど「動かしにくい」ということです。そもそも質量とは、物質の「動かしにくさ」にほかなりません。ダンプカーとリヤカーを引っ張ることを想像すればわかるとおり、質量が大きいほど、動かしにくいのです。

もっとも、地面の上で引っ張る場合は重いもののほど摩擦による抵抗が強いので動かしにくくなる面もあるのですが、摩擦がなくても残る動かしにくさがあります。たとえば無重力の宇宙船の中で、体重二〇〇キログラムのお相撲さんと二〇キログラムの子どもが押し合ったとしましょう。プカプカ浮いているので、そこに摩擦はまったくありません。作用と反作用は一致するので、二人が受ける力の大きさも同じです。

しかし、押し合った点から遠ざかる速さは同じではありません。体重の軽い子どものほうが、遠くまで飛んでいきます。もし納得がいかなければ、お相撲さんが小さなノミを指で弾き飛ばしたと考えてみましょう（図3）。お相撲さんがノミと同じ速さで吹っ飛んでいくとは思えません。質量の大きいお相撲さんのほうが、「動かしにくい」のです。そして、この現象は重力や摩擦とはまったく関係がありません。

ではここでもう一度、リンゴとスイカが落ちる現象を考えてみましょう。地球は重力というロープで両方とつながり、引っ張り合っているようなものです。先ほどの例でお相撲さんが子どもやノミより動かしにくかったのと同様、重たいスイカのほうがリンゴよりも動かしにくいですよね？　だとすると、「重いほうが先に落ちる」という直感とは逆に、軽いリンゴのほうが先に落ちそうです。

しかし一方で、地球を引っ張る重力はスイカのほうが強い。「動かしにくい」物体のほうが、引力は強いわけです。つまり質量の大きい物体には「動かしにくい性質」と「重力に強く引かれる性質」の両面があるわけで、リンゴとスイカが同時に落ちるのは、この二つの性質がちょうどプラスマイナスゼロで相殺《そうさい》されているからだとしか考えられません。そのために、重力は質量が大きいほど強いにもかかわらず、重力が運動に与える影響は質量と関係がなくなるのです。

ここで、学校で習った「質量と重さの違い」を思い出す人も多いでしょう。学校の授業では、動かしにくさを表す質量と、重力の強さを表す重さを区別して教えます。実際、この二つはお互いに何の関係もないように思えます。どちらかが大きくて、リンゴかスイカのどちらかが先に落ちてもおかしくはないのです。

ところが現実には、なぜかぴったりとキャンセルされるので、同時に落ちる。これについては精密な実験が行われており、現在では一〇兆分の一の精度で「質量」と「重さ」が一致することがわかっています。「質量」と「重さ」は実質的に同じものであり、区別して考える必要はないのです。

では、どうして「動かしにくさ」と「重力の強さ」という二つの効果がぴったりキャンセルされるのか。これについては、ニュートン理論でも説明されていません。「自然はこうなっている」と、「WHY」ではなく「HOW」に答えただけです。そして、この「WHY」への答えを出したのが、アルベルト・アインシュタインでした。のちほどじっくり説明しますので、楽しみにお待ちください。

## 重力は幻想である＝第五の不思議

アメリカのボストン科学博物館で、「人工落雷ショー」が見られるのをご存じでしょうか。静電気を起こす巨大なバン・デ・グラーフ起電機で雷を発生させ、人間の入った籠《かご》に落とす実験です。危ない実験だと思われるでしょうが、籠は金属で作られており、雷の電気はその外側を伝わるだけで、中には落ちません。これは、かつてイギリスの科学者マイケル・ファラデーが行った実験を再現したもので、このような電気を通しやすい導体で囲まれた空間のことを「ファラデーの籠」と呼びます。

この実験でわかるのは、電気をはじめとする電磁気力は「遮《さえぎ》ることができる」という事実です。だから、飛行機や自動車のような金属製の乗りものに雷が落ちても、内部にいる人はその影響を受けません。

では、重力はどうでしょう。もし、電磁気力のように何かで遮ることができるとすれば、たとえば落下中のリンゴと地球のあいだに「壁」を差し入れると、リンゴは空中で止まることになります（厳密に言えば、その「壁」のわずかな重力に引っ張られて、ゆっくりと落下するでしょうが）。

しかし実際には、どんな物質を差し入れても、リンゴが止まることはありません。電磁気力と違って、重力は遮ることができないのです。

ただし、電磁気のように遮って入り込ませないようにはできないものの、重力の効果を感じさせなくすることはできます。何か壁のようなもので遮っているわけでもないのに、重力が「消える」ことがあるのです。それに近い状態は、誰でも日常的に経験しているでしょう。たとえば乗っているエレベーターが下降するとき、ちょっと体が浮くように感じることがあるはずです。ジェットコースターで急降下するときは、それがもっと激しくなります。

もちろん、そういう状態にいる人が下に向かって落ちていないわけではありません。エレベーターやジェットコースターと一緒に落ちています。でも、その人が感じる重力は弱まっている。それを極端な形にしたのが、宇宙飛行士の訓練にも使われる、飛行機を使って「無重力状態」を作る実験です。上空で飛行機のエンジンを止めると飛行機が自由落下を始め、機内にいる人たちは体が宙に浮きます。飛行機と同じ速さで落下すると、重力をまったく感じません。窓から外を見れば自分が落下していることがわかりますが、窓がなければ、単に自分がフワフワと浮かんでいるとしか思わないのです。

このように、重力は感じなくする、すなわち消すことができるのですが、逆に増やすこともできます。エレベーターが上昇するときのことを考えれば、それは実感として理解できるでしょう。

自由落下している人は重力を感じないという事実に気づいたところから、アインシュタインは自らの重力理論を大きく発展させました。本人はそれを「人生で最高のひらめき」だったと言っています。アインシュタインによれば、こうして重力が増えたり減ったり、場合によっては消えたりするのは、決して「見かけ上の重力」が変化したわけではありません。実際に、重力の強さが変わっているのです。

先ほど私は、重力は「力」だと言いました。ニュートン流の力の定義によると、それは間違っていません。しかし、こうして「消える」こともあると考えると、重力は見方によって変化する「幻想」だと言うこともできます。好きなように増やしたり減らしたりできるとなると、それが本当にあるのかないのかもわかりません。いちばん身近な力である重力が幻想だと言われても、ピンと来ない人も多いでしょう。私も妻から、こんなことを言われます。

「だったら、私が毎日量っている体重は何なの？」

たしかに、たとえば下降するエレベーターで体重を量れば、少し軽くなります。いったい、どこで量った体重が正しいのかよくわかりません。

しかしそれに対する答えは、またのちほどお話しすることにしましょう。とりあえず、重力には見方によって姿を変える不思議な性質があるということだけ覚えておいてください。

## 重力は「ちょうどいい」＝第六の不思議

重力は遮蔽物でブロックできないので、(徐々に力を弱めながらも) どこまでも無限に届きます。また、重力は引力だけなので、物質がたくさんあればその強さがすべて足し算され、何かで相殺されることはありません。

この特徴は、宇宙の成り立ちと深く関わっています。宇宙がどのように生まれ、今後どうなるのかは、重力に大きく左右されると言っても過言ではないでしょう。宇宙には多くの物質があり、その重力が強ければ自分の重みで潰《つぶ》れてしまうこともあり得るからです。

宇宙は、いまから一三七億年ほど前に生まれたと考えられています。誕生から四〇万年後までは、超高温のプラズマ (電離) 状態でした。プラズマとは、分子が陽イオンと電子に分かれた状態のことです。そのままでは星は生まれません。それから温度が下がり、重力の強いところに物質が集まって最初の銀河が現れたのは、宇宙が四億歳の頃です。現在のように多くの銀河が生まれ、宇宙全体の構造ができあがるまでには、一〇〇億年ほどかかりました。そのあいだに私たちの太陽系も生まれ、地球は四六億年もの時間をかけて人間という知的生命体を作り上げていいます。

しかし、後で詳しく説明しますが、もし重力の働き方が少しでも違っていたら、その歴史はまったく変わっていたと考えられています。生まれたと思ったら重力の重みで瞬時に潰れてしまったり、逆にあっという間に膨張して冷え切ってしまい、生命はおろか星ができることさえない、暗い虚無の世界が永遠に続くような宇宙だったはずです。宇宙が長い時間をかけて星や銀河を作り、そこで私たちのような生命体を生み出すことができたのは、重力がそのために「ちょうどいい強さ」だったからです。

これは、単なる偶然なのでしょうか。それとも、必然的にそうなるような原理があるのでしょうか。重力をめぐる謎の中でも、これは最も根源的な深い問題だと言えるでしょう。私たちは重力が自分を地面にくっつけていることを当たり前だと感じていますが、それが本当に「当たり前」なのかどうかは、まだわかっていないのです。この問いについては、本書の最後で考えてみることにします。

## 重力の理論は完成していない＝第七の不思議

そういったことも含めて、重力の働きを説明する理論は、まだ完成していません。これだけ身近な力のことがなかなか説明できないのは、それ自体が大いなる「不思議」です。

アリストテレスの時代から、人間は重力について考え続けてきました。ガリレオの時代を経たのち、その研究はニュートンの「万有引力の法則」によって大きく前進します。

しかし、それで終わりではありませんでした。学問には、何かを知ることによって、その先にある「知らない世界」が見えてくる面があります。学問の進歩は洞窟を掘り広げることに似ていると思います。目の前の岩壁に隠されているのが未知の世界で、そこを掘り進むことで知識が増えていきます。しかし、私たちが未知の世界として認識できるのは、掘っていくことで見えてきた壁のすぐ裏側に隠されている部分だけです。その先の奥深いところにも、知らない世界が広がっているはずですが、私たちはそれを知らないことすら知らない。そこまで掘っていって初めて、その未知の世界に対峙し、いままで問うことすら思いつかなかった謎に出会うのです。

ニュートンの理論は重力について多くのことを明らかにしましたが、そのおかげで、それまで人間が知らなかった謎も増えました。重力には、ニュートン理論だけでは理解できないことがいくつもあったのです。

その多くは、次章以降で説明するアインシュタインの理論によって解明されました。しかし、それでもまだ十分ではありません。アインシュタインの掘った穴の先には、まだ知らない世界が広がっています。だからこそ、いま重力研究は「第三の黄金時代」と呼べるほど活発になり、野心的な研究が次々と行われているのです。

それらの研究は、単に重力の不思議だけを解き明かそうとしているわけではありません。先ほど述べたとおり、重力の謎は宇宙そのものの謎と深くつながっています。もちろん、ここで言う「宇宙」とは「地球の外」という意味ではありません。この地球も宇宙の一部であり、どちらにも同じ物理法則が通用します（それがニュートンのおかげで明らかになったことはすでにお話ししました）。つまり重力は、この世界全体の成り立ちを理解する究極の理論を築き上げる上で、きわめて大きなカギを握っているのです。

# 第二章

# 伸び縮みする時間と空間

## ――特殊相対論の世界

## 物理学者は急進的な保守主義者

物理学は、物質の成り立ちやそこに働く力の作用を理解することで、自然界の現象がどんな法則によって起きるのかを解明しようとする学問です。ガリレオやニュートンの時代に生まれ、それ以来飛躍的に進歩してきました。

その進歩は、過去の理論を否定して新しい理論を作ることによって起きてきたわけではありません。もちろん、仮説の段階で否定されて消え去る理論もたくさんありますが、いったん実験や観測によって検証された理論は、次の理論の土台として残ります。古い理論では説明できない現象があれば、その理論を「拡張」する形で新しい理論を考えるのです。

たとえば私たちの使う体重計で地球の重さを量ることはできませんが、それは体重計が間違っているわけではありません。地球の重さを量るのに必要なのは、体重計を否定することではなく、それができるスケールまで道具を「拡張」することでしょう。

その意味で、物理学者は「保守的」です。確立した理論をそう簡単には手放しません。それを使えるかぎり使い続けます。しかし「守旧派」ではないので、その理論を後生大事に守るような使い方はしません。その理論が通用するかどうかギリギリの条件まで使ってみて、「使えない」とわかれば新しい理論を考えます。

マンハッタン計画にも関わったアメリカの理論物理学者ジョン・ホイーラーは、それを「急進的保守主義」と呼びました。よくできた理論をできるだけ変えずに壊れるまで使う点では「保守主義」ですが、それを過激な極限状況に当てはめて試してみる点では「急進的」という意味です。

体重計が人間の重さを計測することを想定して作られているように、物理学の理論もそれぞれ適用される範囲を想定して考えられています。しかし急進的保守主義者は、それが通用するとわかっている範囲だけでは満足しません。理論をあえて「想定外」の状況に置いて、その「実力」を試します。

人間の世界でも、極限的な危機や想定外の事態にさらされたときに組織のリーダーや政治家の力量がわかることがありますが、それは科学の理論も同じことです。ある範囲では正しかった理論が、極限状況になると矛盾を生んだり、おかしな予言をしたりするケースは少なくありません。

政治家の力量不足が露呈するのは社会にとってありがたいことではありませんが、理論がある状況で破綻するのは、物理学者にとって大きなチャンスと言えます。そこに「知らない世界」がある証拠だからです。その世界を知るためには、既存の理論を拡張して、新たな理論を構築しなければいけません。それによって、従来よりも普遍的な理論を手にすることができるのです。

## 物理学の理論は「一〇億」のステップで広がってきた

物理学が扱う自然界は、極小から極大まで大きな幅を持っているので、そのすべてをいきなり一つの理論で説明するのは容易ではありません。最終的にはそれを包括する根源的な理論を発見するのが物理学者の願いですが、まずはわかる範囲から理解し、その領域を広げてきたのが、これまでの歴史です。

最初から全体像が見えているわけではなく、ある程度まで進まないと「その先」にある世界が見えてこないのですから、それも当然でしょう。その歴史を振り返ると、物理学の理論が説明できる範囲は、おおむね「一〇億」のステップを踏みながら広がってきたことがわかります。

原始時代の人々は、おそらく自分たちの「身の丈」に合う身の回りの現象だけに興味を持っていたに違いありません。しかし古代文明が興り、農業を中心とする社会生活を営むようになると、暦を作るために太陽や月、星の運動を理解する必要が出てきます。いったんそうなると、人間の好奇心を止めることはできません。

古代ギリシャ人は場所によって北極星の高さが違って見えることから、地球が球形であると推測していました。北回帰線上にあるナイル川上流のシエネ（現在のアスワン）では、夏至の

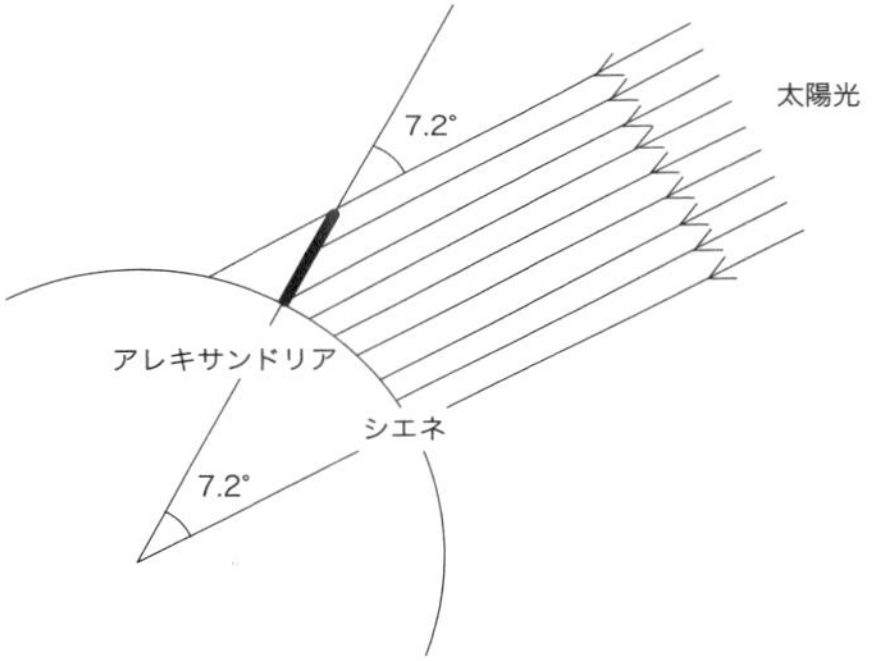


[図4] エラトステネス（紀元前276頃−紀元前194頃）は夏至の正午に太陽の影の角度を測ることで、アレキサンドリアとシエネの緯度の違いが四直角の50分の１（＝7.2度）であると定めた。そして、この2点間の距離に50をかけることで、地球の円周を計算した。

正午に太陽が天頂に昇ります。シエネから約八〇〇キロメートル北にあるアレキサンドリアの大図書館で館長をしていたエラトステネスは、これを聞いて、同じ日、同じ時間に、アレキサンドリアで太陽が落とす影の角度を測り、これから地球の円周を計算しました（図４）。また、アリスタルコスは、月食のときに月が地球の影を横切る様子を観察することで、月と地球の直径の比を見積もりました。これをエラトステネスの計算と組み合わせると、月の直径がわかります。さらにこれを月の見かけの大きさと比べることで、地球から月までの距離までもかなりの精度で決定することができたのです。地球から月までの距離は、およそ四億メートルです。

ただしヨーロッパ中世までは天動説が信じられており、天界では地上と異なる物理法則が働いていると考えられていました。その一〇億メートル程度の世界と、おおむね一〜二メートルの「身の丈」の世界が同じ法則で動いていることを発見したのが、ニュートンです。「一〇億メートル」の範囲の現象は、(後でお話しするいくつかの例外はありますが) ほぼニュートンの重力理論で説明できるのです。

しかし、一〇億の階段をもう一つ上がって「一〇億×一〇億メートル」の世界になると、ニュートン理論では説明できません。銀河一つ分の大きさに相当するスケールですが、そこには主に太陽系の動きを対象にしていたニュートンにとって「想定外」の極限状況がありました。たとえば私たちの太陽系がある天の川銀河の中心には、太陽の四〇〇万倍もの重さを持つ巨大ブラックホールがあることが、最近になってわかりました。光も飲み込むほど強い重力を持つ天体となると、ニュートン理論では手も足も出ません。そういった世界のことを説明するには、アインシュタインの理論が必要でした。

ところが、そのアインシュタイン理論も「一〇億×一〇億×一〇億メートル」より先の距離に当てはめようとすると、「実力不足」が露呈します。これは、ある意味で「宇宙の果て」までの距離。宇宙空間は無限の広がりを持つと考えられており、「行き止まり」はありませんが、光で見ることのできる距離には限界があります。それが「一〇億×一〇億×一〇億メートル」というスケールの距離なのです。

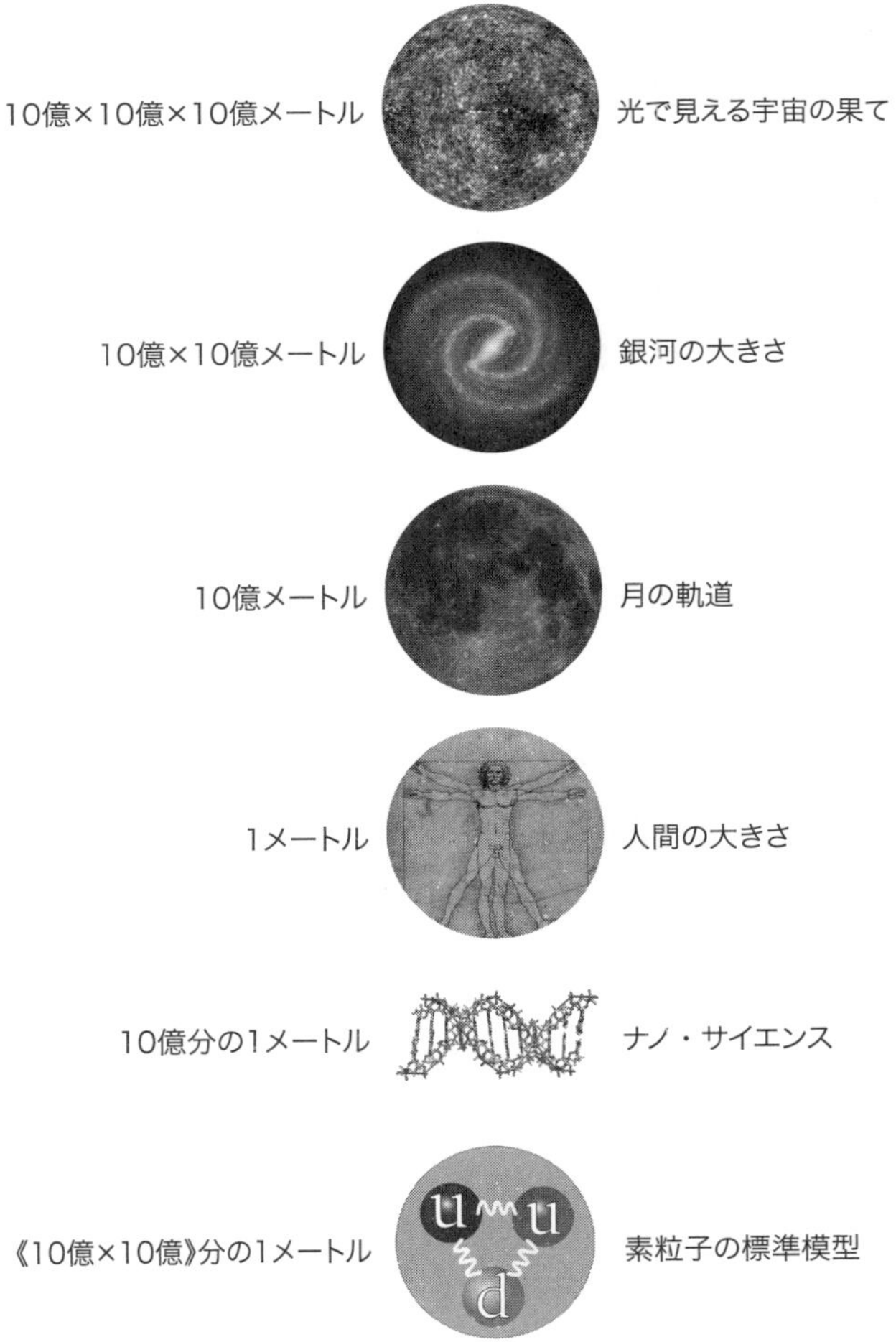
10億×10億×10億メートル
光で見える宇宙の果て
10億×10億メートル
銀河の大きさ
10億メートル
月の軌道
1メートル
人間の大きさ
10億分の1メートル
ナノ・サイエンス
《10億×10億》分の1メートル
u
u
d
素粒子の標準模型

[図5]**10億のステップ**

光の速さは有限ですから、地球からの距離が遠いほど届くまでに時間がかかります。たとえば地球から太陽までは光速で八分かかるので、私たちが見ている太陽は八分前の姿。九光年先にある恒星シリウスは九年前、二五〇万光年先のアンドロメダ銀河は二五〇万年前の光が地球に届いている。つまり宇宙では、遠くを見れば見るほど「過去」を見ていることになるわけです。だとすれば、理論上は一三七億年前の「宇宙の始まり」も見えるはずでしょう。

しかし、どんなに望遠鏡の性能を上げても、あるところから先は見ることができません。前章の「第六の不思議」(40ページ)でもお話ししたとおり、宇宙は誕生後四〇万年までは超高温のプラズマ状態でした。そこでは、電気を帯びた電子が自由に飛び回っています。

すると、光はそれに反応してしまい、まっすぐに進むことができません(私たちが目で光を見ることができるのは、空間が電気的に中性で、光を邪魔しないからです)。一三七億年前の宇宙がプラズマ状態にあったということは、いわば分厚い雲が宇宙を包んでいるようなものですから、その先の様子は光をキャッチする通常の望遠鏡では見ることができないのです。

ただし、それが「見える」ようになる可能性がないわけではありません。その手段が、重力波です。光は「プラズマの雲」に邪魔されてしまいますが、重力波は伝わります。「第五の不思議」(38ページ)でお話ししたように、重力は何物にも遮られないからです。実際、プラズマ状態以前にできた重力波を重力波望遠鏡でキャッチして、宇宙が誕生した頃の様子を観測する計画もあります。

この重力波は、アインシュタインがその存在を予言したものです。その意味では、「一〇億×一〇億×一〇億メートル」より先の世界がアインシュタイン理論のおかげで明らかになると言えるかもしれません。しかし、そこからさらに過去にさかのぼり、宇宙の始まりという極限状況で起きた現象を理解しようとすると、アインシュタイン理論も破綻してしまいます。それをきちんと物理的に説明するには、アインシュタイン理論を乗り越える新しい理論が必要なのです。

## ナノレベルの世界のナノテクノロジー

ここまでは「身の丈」よりも大きな世界を見てきました。一方、小さな世界のほうはどうなっているでしょうか。

科学技術の分野では、いまや物質をナノメートルのレベルでコントロールする時代を迎えています。これはまさに「一〇億分の一メートル」の世界です。「一〇億×一〇億メートル」の世界に通用しなかったニュートン理論は、こちらのミクロの世界も説明することができませんでした。そこで登場したのが「量子力学」です。これは、相対論と並んで現代物理学の柱となりました。その奇妙な世界はのちほどご紹介しますので、これも楽しみにしていてください。

ミクロの世界を説明する量子力学は、「素粒子」の研究になくてはならないものです。原子が陽子と中性子からできており、その陽子と中性子もさらに小さなクォークという素粒子で構成されていることを突き止めた素粒子物理学は、「標準模型」と呼ばれる理論(後述)を作り上げ、物質とそこに働く力の作用を解き明かしました。その理論を検証するための素粒子加速器は、「《一〇億×一〇億》分の一メートル」よりも小さな世界で起きる現象を観測できます。つまり、ナノレベルの世界でさらにナノテクノロジーをやっているようなもの。人間は、そんな小さな世界のことまで見ることができるようになったのです。

しかしその反面、「《一〇億×一〇億》分の一メートル」よりさらに極微の世界には、素粒子の標準模型では説明できないことがいくつもあることがわかってきました。「一〇億×一〇億×一〇億メートル」の大きな世界と同様、こちらの小さな世界でも新しい理論が求められているのです。

ところで、理論が矛盾を生じるのは、大きさの異なる世界に出会ったときだけではありません。同じサイズの世界でも、二つの理論が齟齬《そご》を来すことがあります。実は、アインシュタインが登場する前まで、物理学の二本柱になっていた理論がそうでした。ニュートン力学と、マクスウェルの電磁気学です。

この二つは、同じ物理学の理論ではありますが、それぞれ別々に発展しました。ニュートンが「天界」と「地上」の法則を統一して物質の運動を説明したのに対して、マクスウェルは「電気」と「磁気」を統一し、その力の働き方を解き明かしたのです。

ところが、この二つの理論には、ある点で大きな矛盾がありました。「光の速さ」に関する問題です。この章では、この矛盾を解消したアインシュタインの「特殊相対論」について説明することにしましょう。

## 電波も光も放射線も、みな電磁波の一種

まず、電気と磁気を統一したマクスウェルの理論について簡単に触れておきます。かつては神秘的な魔術のようなものだと思われていた磁気ですが、十九世紀に入った頃には、それが電気と何か関係があるらしいことがわかりました。磁石を動かすと電流が流れたり、逆に電流から磁気が誘導されるといった現象が見つかったからです。

その電気と磁気を同じ方程式で記述したのが、マクスウェルでした。ここで初めて、電気と磁気の力は統一され、「電磁気力」という概念が生まれたわけです。

いったい、それが「光」と何の関係があるのか——みなさんがそう思われるのも当然で、当時の研究者たちも、電磁気と光に関係があるとは思ってもみませんでした。マクスウェルの方程式は、あくまでも電場と磁場の時間的な変化を説明するものです。

［図6］ジェームズ・クラーク・マクスウェル（1831–1879）

ところがその方程式からは、ある「波」の存在を予言する解が出てきました。電場が磁場を誘起し、その磁場が変化して電場が生まれ……というように電場と磁場が絡み合いながら、一つの「波」を作ります。いわば、電場と磁場が馬とびをしながら進んでいくようなものです。

この「電磁波」の理論的予言は、一八八八年にドイツの物理学者ハインリッヒ・ヘルツによって検証されました。二十世紀初頭には大西洋を横断する電磁通信が行われ、それ以降、電磁波は私たちの生活になくてはならないものになっています。好奇心による科学的発見が後で大いに「役に立つ」ことの好例と言えるでしょう。

それはともかく、そこで研究者たちが驚いたのは、この電磁波が光の速さで伝わったことです。そのことから、電気や磁気と無関係だと思われていた光が、実は電磁波の一種であることがわかりました。ラジオやテレビに使う電波も光も、波長が違うだけで、本質的には同じ電磁波なのです。

電磁波は、電波と光だけではありません。波長が長い（周波数が低い）ほうから順に、電波・赤外線・可視光線・紫外線・X線・ガンマ線といった名前で区別されています。電波の中にも長波、中波、短波、マイクロ波……といった区別がありますし、可視光線も「赤」から「紫」まで波長によって色が変わるのです。

なぜ可視光線が「可視」なのかと言えば、私たちの目がその波長の電磁波に反応するようにできているからです。赤外線より波長の長い電磁波も、紫外線より波長の短い電磁波も、人間の目で見ることはできません。しかし機械を使えば、可視光線以外の電磁波を「見る」ことができます。事実、天体観測には、電波望遠鏡やX線望遠鏡などさまざまな電磁波をキャッチして可視化する道具が使われています。

## どんなに足し算しても光の速さは変わらない

さて、このマクスウェルの理論は、先ほども言ったとおり「光の速さ」に関してニュートン理論と矛盾していました。マクスウェルの方程式によれば、光（電磁波）の速さは常に秒速三〇万キロメートルで一定になるからです。

ニュートン力学では、物体の速度が「足し算」で変わるとされていました。

たとえば、時速四〇キロメートルで東に向かって走っている車があるとしましょう。それに乗っている太郎さんが、進行方向の東に向かって、時速二〇キロメートルでボールを投げます。

このボールは、その様子を道端に立って見ている花子さんにとって、時速何キロに見えるでしょうか。

答えは、四〇＋二〇＝時速六〇キロメートルです。太郎さんは自分も時速四〇キロメートルで動いているため、乗っている車は「止まっている」のと同じこと。したがって投げたボールは太郎さんにとって時速二〇キロメートルで飛んでいきますが、それを止まって見ている花子さんには、車とボールの速度が「足し算」されて観測されるのです。

また、太郎さんの乗っている車を花子さんが時速三〇キロメートルの車で追いかければ、速さは逆に「引き算」されます。太郎さんの車は、四〇－三〇＝時速一〇キロメートルで走っているように見えるでしょう。同様に、太郎さんが時速二〇キロメートルで投げたボールは、車上の花子さんには時速三〇キロメートル（四〇＋二〇－三〇）に見えるのです。

これが、ニュートン力学における「速度の合成則」です。誰でも日常的に実感できることですから、さほど不思議な現象ではないでしょう。たとえば電車に乗っているときに、隣の線路を別の電車が同じ方向に向かって走っていることがあります。そのとき、隣の電車が止まって見えたなら、どちらも同じ速度で走っているということ。自分の電車をゆっくり抜いていくなら、隣のほうが少し速く走っています。たとえ時速三〇〇キロメートルで走っている新幹線でも、こちらが時速二八〇キロメートルで走っていれば、それは「ゆっくり」にしか見えません。

相手は時速二〇キロメートルに見えるのです。

では、電磁波はどうでしょうか。先ほど時速四〇キロメートルだった太郎さんの車が、こんどは時速九億キロメートルで走っているとします。この異様に速い車から、太郎さんはボールを投げるのではなく、懐中電灯で光を前方に発射しました。秒速三〇万キロメートルの光速は、時速に換算すると約一一億キロメートル。ニュートンの法則が当てはまるなら、止まって観察している花子さんには、その光が九億＋一一億＝時速二〇億キロメートルで飛んでいくように見えるはずです。

ところがマクスウェルの方程式によると、光を含めた電磁波には、この法則が当てはまりません。時速九億キロメートルで走っている太郎さんにも、止まっている花子さんにも、光は時速一一億キロメートルで飛んでいくように見えるというのです。

## 光速の不変性を実証した「マイケルソン＝モーリーの実験」

これは、当時の人々にとって信じがたいことでした。それはそうでしょう。あらゆる物質の速度にニュートン理論の足し算のルールが当てはまるのに、電磁波だけが例外になるのは不自然です。

そのため、マクスウェルの方程式は動いている状態には当てはまらないのではないかと考える人もいました。先ほどの例で言えば、その場合、マクスウェルの方程式は止まっている花子さんから見た光の速さのことだけを説明していて、走っている太郎さんには使えないことになります。エーテル仮説という言葉を聞いたことがある人もいるかもしれませんが、この説でも、マクスウェルの方程式は、エーテルに対して止まっている状態にしか成り立たないと考えます(この仮説は否定されたので、聞いたことのない人はべつに心配する必要はありません)。

そこで、ニュートンとマクスウェルのどちらが正しいのかを決定するために、精密な実験が行われました。実験の方法を考え出したのは、アメリカの物理学者アルバート・マイケルソン。協力者のエドワード・モーリーの名と合わせて、「マイケルソン＝モーリーの実験」と呼ばれています。

彼らは、地球が太陽のまわりを公転していることを利用して、光の速さが変化するかどうかを調べました。地球の公転速度は秒速約三〇キロメートル。光速の一万分の一ですが、公転の進行方向に向かって地球から光を発射した場合、もし合成則が成り立つなら、精密な測定によって光速の変化が観測できるはずです。マイケルソンは、その光と、それと直交する方向——地球の動いていない方向——に発射した光の速さを比較する方法を考案しました。

図7のように、一つの光源から出た光を、半透明の鏡(ビーム・スプリッター)を使って、二つの方向に振り分けます。各々の光は、別々の鏡で反射され、戻ってきます。戻ってきた二

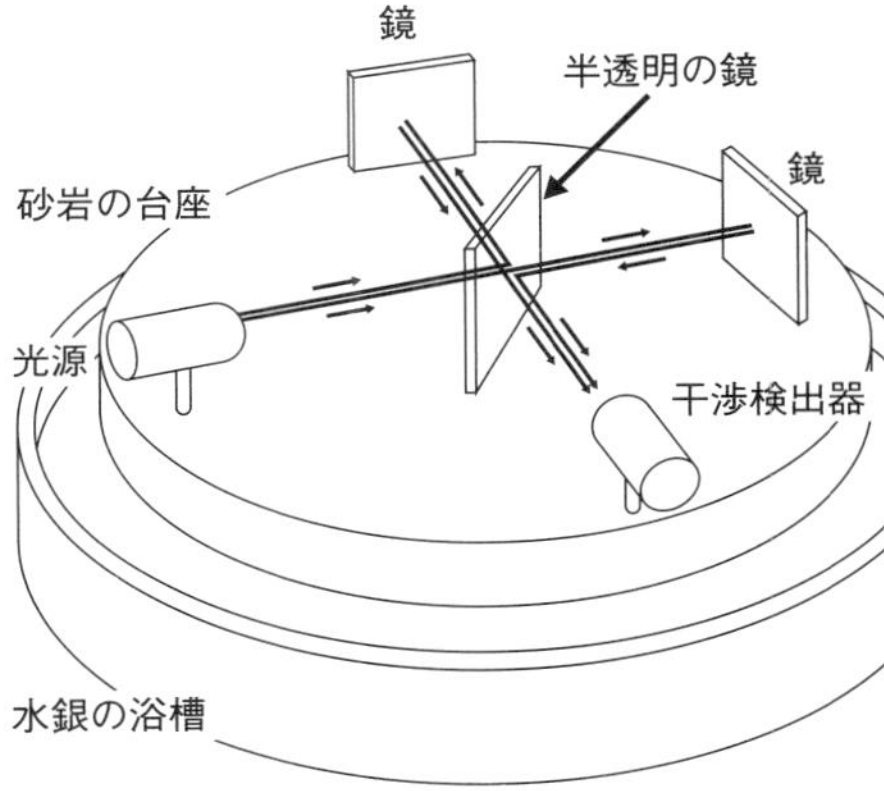


［図7］**マイケルソン＝モーリーの実験**

つの光が重なると、波のような縞模様ができる。これを干渉縞と言います。これを検出器が記録します。

さて次に、この観測装置を、台座ごとグルリと九〇度回転させて、もう一度同じ実験を行います。もし、光の速さが方向によらないのなら、回転しただけですから、まったく同じ干渉縞が見られるはずです。そうではなくて、地球の進行方向とそれに直行する方向で光の速さが違うのなら、回転した後には干渉縞が違って見えるはずです。二つの鏡の位置を正確に調節しておかなくても、干渉縞の変化を見ることで、光の速さが方向によるか否かが判別できるという巧妙なアイデアでした。

きわめて高い精度を求められる実験ですから、できるだけ振動による影響を排除しなければいけません。そのため、地下の実験室の中に、水銀を満たしたプールを作り、砂岩の台座を浮かべた上に実験装置を設置しました。干渉の縞模様のズレを、波長の一〇〇分の一程度まで検出できる精度でした。地球の速さが光の速さに足し算されるのなら、縞模様は波長の半分近くもズレると計算されていたので、もしそうなら確実に検出できるはずです。

その結果、実験装置を回しても、干渉縞は変化しない。どちらの光も同じ速さで進むことがわかりました。秒速三〇キロメートルという地球の速度は、「足し算」されなかったのです。これは実に重大な発見でしたから、マイケルソンが一九〇七年にノーベル物理学賞を受賞したのも当然でしょう。しかし、光速が移動速度に関係なく一定であるという事実がわかっただけで満足しているわけにはいきません。実験で新たな事実が判明したら、それを説明する理論を作るのが物理学者の使命です。

もちろん、光速が一定になることはすでにマクスウェルの理論で示されていたわけですが、ならばそれと矛盾するニュートンの理論をどう考えればいいのか。そちらはそちらで、光速以外の問題についてはきちんと説明できるのですから、簡単に「間違っている」と打ち捨てるわけにはいきません。

そのため、いろいろな研究者たちがニュートン理論の修正に取り組み始めました。そこで考えられる仮説の一つは、こういうものです。

物体の速さが光よりも十分に遅い場合は、ニュートンの合成則によってほぼ正しい「近似値」が計算できる。しかし速さが光速に近づくにつれて、もっと複雑な計算をしなければ正確な答えが出ないのではないか。つまり、光速という「極限状況」では、ニュートン理論より精密な物差しが必要になるということです。

当時、そういう方向で理論を考えた人は少なくありません。次章に登場するドイツのダフィット・ヒルベルトと共に、指導的数学者として並び称されていた、フランスのアンリ・ポアンカレもその一人です。二〇〇二年にようやく解決された「ポアンカレ予想」という難問でも知られています。しかし最終的に特殊相対論を確立したのは、アインシュタインでした。

[図8] **アルベルト・アインシュタイン**
**(1879–1955)**

光速が一定になることを示す方程式は、実はそんなに難しいものではありません。中学校で習うピタゴラスの定理を使えば導けるものです。それを見れば、日常的な速さではニュートンの合成則が高い精度で成り立ち、光速に近づくとその誤差が無視できなくなることはわかります。

しかしアインシュタインは、時間や空間に関する考え方をそれまでとは根本的に変えることで、その意味を説明しました。そこが特殊相対論の真に革命的なところだったのです。

## 同時に出したのになぜ後出しジャンケンになるのか

アインシュタインがマイケルソン＝モーリーの実験結果を知っていたかどうかについては、諸説あって定かではありません。もし実験を知らずに特殊相対論を作り上げたとすると、彼はニュートンとマクスウェルの矛盾を頭の中だけで考えて、自分の理論を作り上げたことになります。ガリレオが亡くなった年に生まれたニュートンが、ガリレオが始めた力学の建設を完成させたように、マクスウェルの亡くなった年に生まれたアインシュタインは、その電磁気理論の意味するところを極限まで突き詰めようとしたのかもしれません。

いずれにしろ、彼は大学受験に失敗して浪人していた十六歳の頃から、「もし光と同じ速度で並んで走ったとしたら、光はどう見えるだろうか？」と考えていました。ニュートンの速度合成則が当てはまるなら（新幹線に乗っていると隣の線路を同じ速度で走る新幹線が止まって見えるように）光が止まって見えることになります。しかしマクスウェルの方程式が正しいなら、そうはなりません。光速で追いかけても、光は秒速三〇万キロメートルで飛び去っていくはずです。

この問題を考え始めてから一〇年後にアインシュタインが出した結論が、一九〇五年に発表された特殊相対論でした。そこでは、光速はどんな状態で観測しようと一定であり、単純な足し算や引き算は成り立たないと考えます。これ自体はマイケルソン＝モーリーの実験結果とも一致するので、間違いありません。

しかし、走っている車から光を発射することを考えると、動いている人からも止まっている人からも速さが同じ秒速三〇万キロメートルに見えるのは不思議です。走っている車の速さは、どこに消えてしまったのでしょうか。

アインシュタインは、光速が一定である代わりに、時間や空間が変化するのだと考えました。光速に近づけば近づくほど、時間の進み方が遅れたり空間が縮んだりするというのです。

これからしばらくのあいだ、アインシュタインの思考の跡をたどりながら、時間や空間について考えてみましょう。もしつまずきそうになったら、とりあえず「光の速さが一定だとすると、走っている人の時計は遅れるのだ」ぐらいに思っておいて、「『$E=mc^2$』とは固定相場の為替レート」の節（73ページ）まで読み飛ばしても結構です。後になって読み返してみると、「そういうことだったのか」とわかることもあります。

まず、「時間」について考えてみましょう。

[図9] **光が届いた瞬間にグー・チョキ・パーのいずれかを出せば公平。**

速度によって時間が遅れたり進んだりするのでは困ったことになる、と誰でも思うでしょう。電車で移動している人の時計と、その電車が着くのを駅で待っている人の時計がズレてしまうのですから、待ち合わせがうまくいかなくなってしまうかもしれません。

しかしアインシュタインの理論によれば、その困ったことが現実に起きます。動いているものは時間の進み方が変わるので、「同時性」が成り立たないのです。

たとえば、二つの小学校の野球チームが、試合の先攻と後攻をジャンケンで決めるとしましょう。ジャンケンを公平に行うには、お互いが「同時」に出すようにしなければいけません。そこで彼らは、右側と左側に立った二人のキャプテンから等距離の位置に電球を置き、審判がスイッチを入れ、その光が見えたらグー・チョキ・パーのいずれかを出すことにしました（図9）。光はどちらの方向にも同じ速さで飛びますから、これなら公平でしょう。

ところが実際には、そのジャンケンを見たチームメイトから「不公平だ！」とクレームがつくケースも考えられます。そのジャンケンが、走っている列車の中で行われたとすると、線路脇で止まって見ている仲間からは「同時」に見えないからです。

図10を見ていただければわかるとおり、列車が左から右に向かって走っているとすると、先頭のキャプテンは光が飛んでいるあいだに光源から遠ざかり、後尾のキャプテンは光源に近づきます。そのため、列車内の様子を外から見ている人にとっては、後尾のキャプテンに先に光

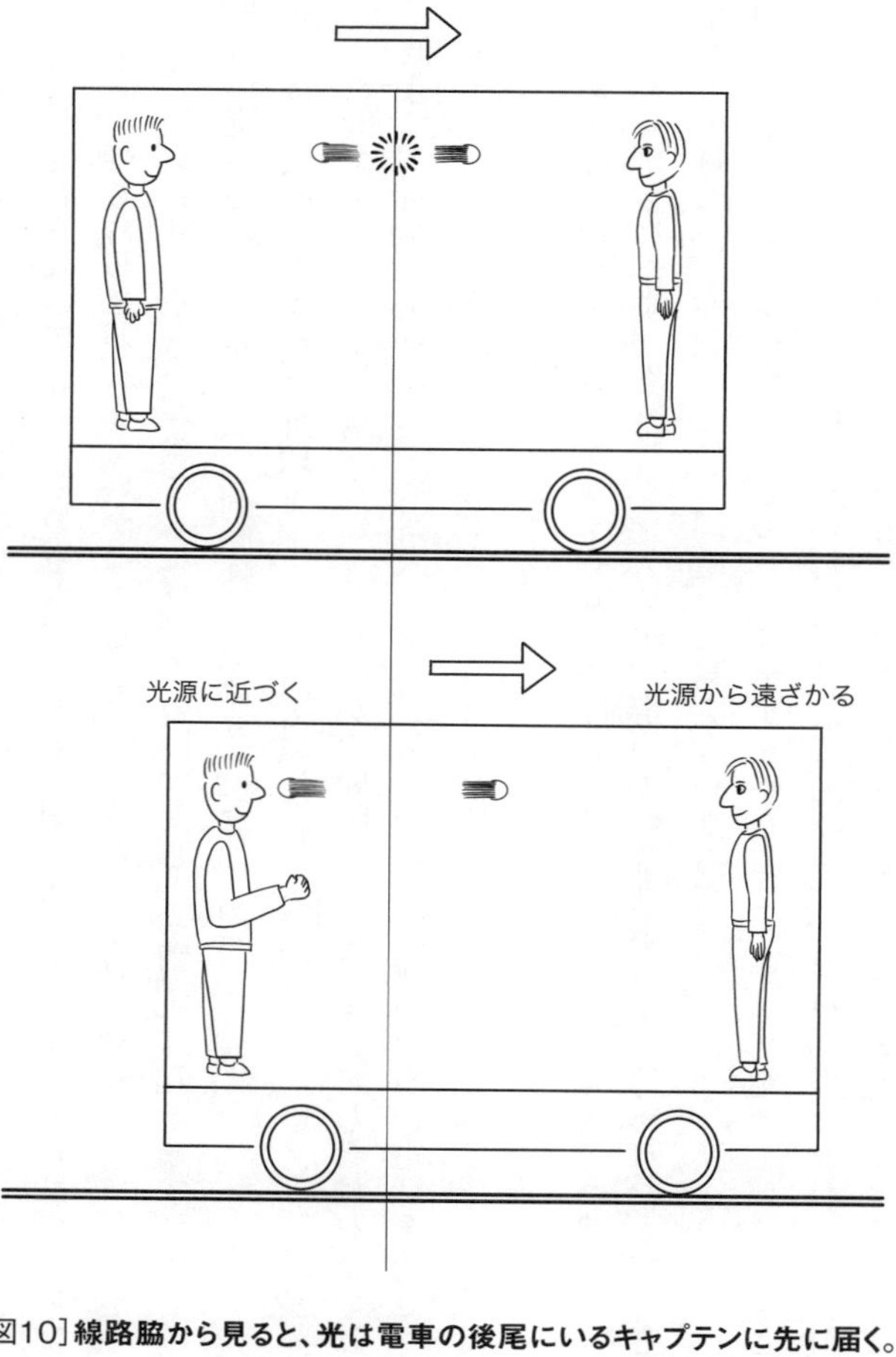


[図10] **線路脇から見ると、光は電車の後尾にいるキャプテンに先に届く。**

が届いたように見えるでしょう。光が先に届いた後尾のキャプテンが、先に手を出す。つまり先頭のキャプテンが「後出し」をしたように見えるわけです。

もちろん、先頭のキャプテンはそんな卑怯なことはしていません。電車内で監視していた審判も、二人は同時に出したと主張します。しかし外から見ていた仲間たちが見間違えたわけでもない。列車の中と外では時間の流れ方が違うため、一方には「同時」に見えることが、一方にはそう見えないのです。

アインシュタインが特殊相対論を発表するまで、誰もが時間は絶対的なものであり、過去から未来に向けて一様に流れているものだと考えていました。いまでも、多くの人がそう思い込んでいるでしょう。

その常識を、アインシュタインはなぜひっくり返すことができたのか。それについては、こんな説もあります。当時、アインシュタインはスイスのベルンにある特許局に勤めていました。ハーバード大学の科学史教授ピーター・ガリソンが調べたところ、そこに、時計を合わせる技術に関する特許の申請書類が山のように届いていたというのです。

時代は産業革命の後期。ヨーロッパ中に鉄道網が敷かれ、列車のスピードが増すにつれて、正確な運行のために各都市の時計を合わせる必要が生じていました。スイスは昔から時計産業が盛んですから、その研究も熱心に行われ、実用化されていました。たとえば電波を使って時計を合わせる方法など、さまざまなアイデアがあったようです。その申請を受けつける立場だったアインシュタインは、日常的に「時計を合わせる」という問題について考えるようになったかもしれません。そこから、何か理論のヒントを得た可能性があるわけです。

いずれにしろ、彼の天才的な発想によって、時間の流れは観測者によって変化する相対的なものであることがわかりました。万人に共通の「絶対時間」は存在しないのです。

## 列車の中の一秒と外の一秒の長さが違う!

さて次に、光速に近づくほど時間の進み方が遅れる現象について説明しましょう。ここでもまた、走っている列車を外から見ている状況を考えます。

用意するのは、「光時計」。あくまでも想像上の産物ですが、アインシュタインは、こういうものを使って頭の中で考える「思考実験」を得意にしていました。この光時計は、上と下にある合わせ鏡のあいだを光が往復することで時間を計る仕組みになっています。それを、一定の速度で走っている列車の中に設置したと思ってください。光が上と下を一往復するのを、ここでは「一秒」と呼ぶことにしましょう。

列車に乗っている人から見れば、この時計の光は、図11左のように垂直方向に行ったり来たりしています。それは、動いている列車の中でジャンプしても、飛び上がった地点より後ろに

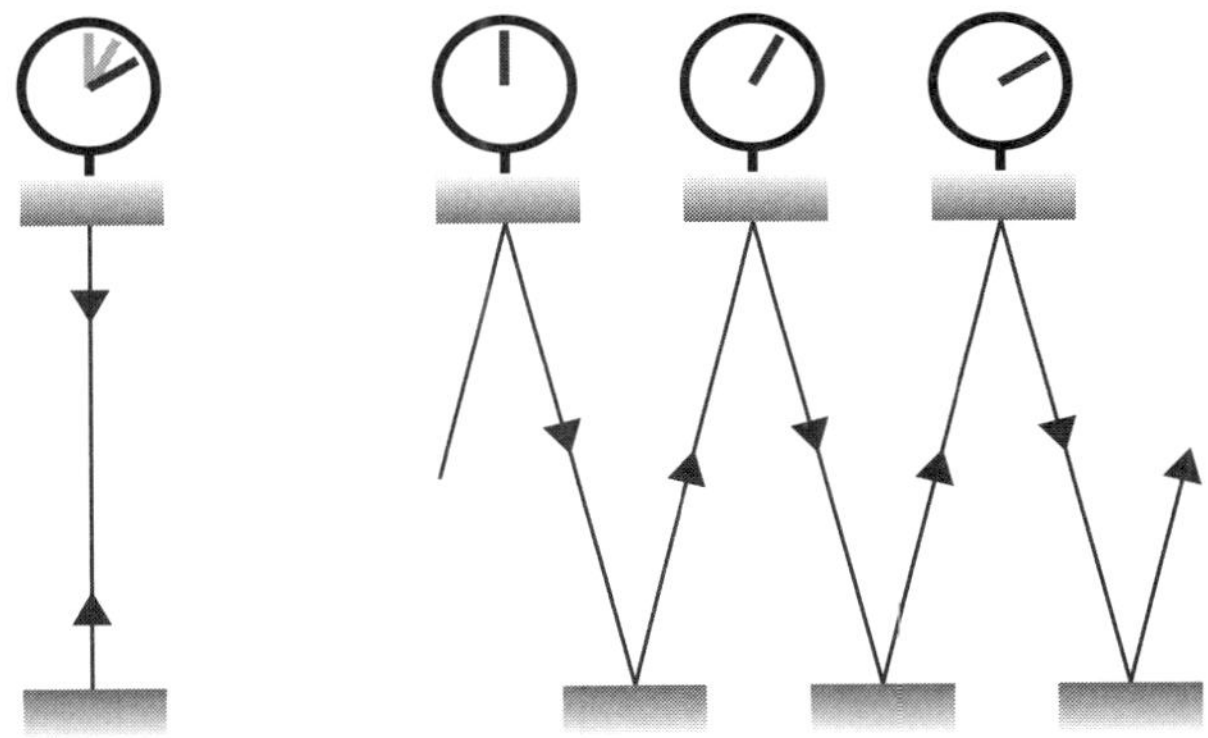

［図11］光時計が計る「1秒」の長さは、列車の中で見たときと、線路脇で見たときで異なる。

着地しないことを考えればわかるでしょう。空中にいるあいだも列車と一緒に動くので、同じところに着地します。

しかし、それを線路脇から見ると、ジャンプした人は踏み切った地点よりも進行方向寄りに着地したように見えるはず。「光時計」も同じです。上下を行き来しているあいだに列車が進むので、図11右のように光が垂直ではなく斜めに動いているように見えます。

光の一往復は列車の中では一秒ですが、線路脇で見ている人にとっては、光が斜めに進むので、もっと時間がかかります。線路脇から何秒に見えるかは列車の速さによりますが、たとえば二秒だったとしましょう。この光時計のリズムに合わせて、列車の中でラジオ体操をしている人がいると、列車内では一秒間でできる動作が、線路脇からは二秒かかっているように見えます。つまり、線路脇からは、ラジオ体操の動きがゆっくりに見える。列車の中の時間は、外から見ると遅れているのです。

これは決して、机上の空論ではありません。事実、新幹線程度の速さで移動しても、東京から博多へ行くあいだに、車内の人の時計は一〇億分の一秒（すなわち一ナノ秒）ほど遅れます。それくらいなら実生活に何の影響も及ぼしません。しかし、カーナビやスマートフォンなどに使われているGPSでは、後で説明するように、相対論による時間の遅れが重要になります。

## 時間だけでなく距離も伸び縮みする！

さらに、こうして変化するのは時間だけではありません。「速さ＝距離÷時間」ですから、速さを一定に保ったまま、時間が伸び縮みすると、距離のほうも変化するはずです。どのように変化するか、説明しましょう。

線路脇に、二つの標識が立っています。列車の先頭が二つの標識の間を通るのにかかった時間を、線路脇の人が計ったところ、ちょうど二秒だったとしましょう。すると、この人にとっては、標識のあいだの距離は「列車の速さ×二秒」になるはずです。

一方、列車の中から見ると、二つの標識は、列車と同じ速さで反対方向に動いています。時間の遅れのところで説明したように、線路脇で二秒が経つあいだに列車の中では一秒しか経過していないので、列車の中の人にとっては、標識のあいだの距離は「列車の速さ×一秒」のはずです。同じ標識の間隔なのに、列車の中から見ると、その距離が半分に縮んで見えるのです。これを「ローレンツ収縮（もしくはフィッツジェラルド＝ローレンツ収縮）」と言います。

ここでは、列車の中での時間の遅れが二倍になる場合を考えましたが、何倍になるかは列車の速さによります。たとえば素粒子実験に使うCERNのLHCは、一周二七キロメートルもある巨大な円形加速器です。その中で陽子をグルグル走らせて加速させ、反対方向から飛んでくる陽子と高エネルギーで衝突させるのですが、その速さは光速の九九・九九九九九九パーセント。このときには、時間の遅れは七〇〇〇倍です。また、超高速で動いている陽子からは、周囲の風景が七〇〇〇分の一に縮んで見えます。その陽子に乗って観測することができれば、二七キロメートルの円形加速器がほんの四メートル程度にしか見えないのです。

## 「$E=mc^2$」とは固定相場の為替レート

ニュートン力学は、時間や空間が不変であるという前提で、物体の動きについて考えました。いわば、絶対に大きさの変わらない「箱」の中で、太陽や月やリンゴなどの動きを観察したわけです。「箱」そのものは研究の対象になりません。

でも、その前提で光速が一定だと考えると、矛盾が生じてしまいます。時間や空間が一定なら、合成則によって速度は無限に増えなければいけません。そこでアインシュタインは、物理現象が起きている「箱」も変化するのだと考えました。光速が一定になるならば、時間や空間のほうが伸び縮みすればいいのです。

アインシュタインは、一九〇五年の六月に、この発見を論文にまとめて投稿しました。しかしその直後にさらに驚くべき発見をして、同年九月にこの論文の補遺を書いています。そこで導き出されたのが「$E=mc^2$」です。

これは、おそらく物理学でもっとも有名な式でしょう。一見簡単な形をしていますが、特殊相対論の最も深遠な予言を表現するものです。また悲しいことに、広島と長崎に壊滅的な被害をもたらした原子爆弾の原理であることから、科学技術の危険の象徴ともみなされています。

この式は、ポピュラー・カルチャーにもしばしば登場します。この式をめぐる人間ドラマ『$E=mc^2$　世界一有名な方程式の「伝記」』（ハヤカワ文庫NF）の著者デイビッド・ボダニスは、この本の執筆を始めた動機を次のように語っています。

先日、ある映画雑誌に掲載されていたキャメロン・ディアスのインタビュー記事を目にした。最後の質問で、何か知りたいことがあるかと尋ねられた彼女は、$E=mc^2$がいったい何を意味するのか知りたいと答えていた。ふたりは笑い、そしてディアスの「本気よ」

という言葉で記事は終わっていた。……そのとき私は思った。$E=mc^2$という方程式が重要な意味を持っていることは誰でも知っているが、その意味を真に理解している人は少ない。

この本を読んでくださっているみなさんには、この式がどのようにして導かれるか、またそれが「いったい何を意味しているのか」を、ぜひ理解していただきたいと思います。この式は、そのまま読んでいくと、エネルギー（E）は質量（m）に光速（c）を二回かけたものに等しいと書いてあります。いままで速さと距離と時間の話をしていたのに、突如としてエネルギーが出てくるので戸惑う人も多いでしょう。まずこの式が「いったい何を意味するのか」について考えてみましょう。

みなさんは「エネルギー保存の法則」という言葉を見聞きしたことがあるでしょうか。すべての物理現象の前後では、エネルギーの全体量が増えたり減ったりせずに保たれる。たとえば木の枝にくっついているリンゴには「位置エネルギー」があり、枝から離れて落下し始めると、それが「運動エネルギー」に変わります。地面に落ちれば、そのエネルギーがリンゴを潰すことに使われたり、「グシャッ」という音を出すことに使われたり、地面とのあいだに摩擦熱を起こすことなどに使われたりします。それを合計したエネルギー量は、最初の位置エネルギーと同じというのがこの法則です。

このように、ニュートン力学ではエネルギーの総和が保存されます。

これとは独立して、物質の質量も保存されると考えられてきました。十八世紀の後半、近代化学の父と呼ばれるフランスのアントワーヌ・ラボアジエは精密な化学実験により、化学反応の前と後で質量の総和は変わらないことを発見しました。これは「質量保存の法則」と呼ばれています。

ところがアインシュタインは、エネルギーと質量は別々に保存されるものではないと主張しました。それまでまったく別のものだと考えられていた「エネルギー」と「質量」が、実は同じものであり、「$E=mc^2$」で換算できると言うのです。

たとえ話として、あなたが日本とアメリカで別々に預金口座を持っているとしましょう。現在では、変動相場制がとられているので円とドルの為替レートは刻々と変化しますが、一九七三年以前には、このレートは固定されていました。その時代のことを考えます。

あなたに収入や支出がなければ、日本とアメリカの二つの口座をあわせた預金全体の価値は変化しないはずです。しかし、為替レートで換算して、口座から口座へお金を移動させることができるので、各々の口座の預金額は変化するかもしれません。円がエネルギー、ドルが質量の比喩だと考えると、エネルギーと質量を換算できるのなら、両者は別々には保存されず、その総和だけが不変ということになります。「$E=mc^2$」はエネルギーと質量の為替レートを表しているのです（光速cは定数なので、固定相場制です）。

もし質量が保存されるなら、リンゴが地面に落ちたとき、そのかけらをすべて集めて質量を量れば、潰れる前と同じになるでしょう。しかし実際には、位置エネルギーが「音」や「熱」に使われてしまったので、そのエネルギーを「$E=mc^2$」で質量に換算した分だけ、リンゴと地球の質量の和は減ることになります。ただし、そこで失われる質量はごく小さなものにすぎません。たとえば、地上一メートルの高さからものを落として失われる位置エネルギーを質量に換算すると、もとの質量の一京分の一（一京は一億×一億）です。なにしろ光速cは、秒速三億メートルという大きな数字だからです。

水素原子と酸素原子が結合して水分子を作るときにも、反応の後で質量はほんの少し減っています。しかし、その減り方はとても小さいので、十八世紀のラボアジエの実験で測定できなかったのも無理はありません。

逆に、少しの質量でも、cの二乗をかければきわめて大きなエネルギーに換算されます。たとえば、一円玉一個の質量を電気エネルギーに変えることができれば、八万世帯の一カ月分の消費電力をまかなうことができます。だからこそ、このアインシュタインの式から、原子爆弾や原子力発電といった莫大なエネルギーを生む技術も可能になったのです。

## なぜエネルギーを質量に変換できるのか

では、どうして「$E=mc^2$」なのか、なぜエネルギーが質量に変換できるかを説明します。アインシュタインの一九〇五年の論文では数式を使って導いていますが、その本質は次のような話で理解することができます。

本題に入る前に、まず重心について説明します。重心とは、一様な重力が働いているときに、そこに支点を置くとちょうどつり合う点のことです。たとえば、同じ重さの二つの重りをまっすぐな棒でつないだときには、棒の真ん中が重心になります。その点を支えれば、二つの重りはヤジロベエのようにつり合うからです。

人体の重心の位置は姿勢にもよりますが、直立しているときには骨盤の中心の少し上、東洋医学で言うところの「丹田」のあたりにあるそうです。体の中にありますから外から支えることはできませんが、人体に働いている重力を合成すると、丹田のあたりに働いていることになるのです。

重心の大切な性質は、外から力が働かないかぎりその位置が変わらないということです。太郎さんが無重力状態の宇宙空間で、宇宙服を着てプカプカ浮いているとしましょう。外から力が働かないかぎり、太郎さんはいつまでも同じ場所に浮かんでいます。これは、ニュートン理論でもアインシュタイン理論でも成り立つ事実です。太郎さんが手や足を振り回しても、重心の位置は変わりません。

離れているもののあいだにも重心を考えることができます。同じ無重力の宇宙空間に、今度は太郎さんと花子さんが離れて浮かんでいるとしましょう。二人が同じ重さなら、その重心は二人を結んだ線のちょうど真ん中。太郎さんのほうが重ければ、重心は太郎さんの近くになります。この場合にも、外から力が働かなければ、二人が何をしてもその重心の位置は変わりません。

たとえば、花子さんが太郎さんに向けてボールを投げたとします。花子さんはボールを投げた反作用で反対側に動き出すので、太郎さんがボールをキャッチする頃には、花子さんは遠くに行っています。花子さんの位置が変わったのに、二人のあいだの重心は動きません。それはなぜでしょうか。

答えは簡単です。ボールには質量があるので、花子さんはボールを投げた後に、ボールの分だけ軽くなっています。一方、ボールをキャッチした太郎さんはその分重くなった。重心から遠ざかった花子さんが軽く、動かなかった太郎さんは重くなったので、全体で重心の位置が変わらないのです。

重心の話にお付き合いいただきましたが、いよいよ「$E=mc^2$」の説明です。特殊相対論の話ですから、光に登場してもらわなければいけません。

みなさんは、光子ロケットという言葉を聞いたことがありますか。通常のロケットは推進剤を後方に噴射し、その反作用で前進します。光子ロケットは、その代わりに光を放射して、その圧力を推進力にしようというアイデアで、ドイツの航空宇宙工学者オイゲン・ゼンガーが提案しました。第五章で説明するように、光は粒からできており、「光子」というのはその粒のことです。光子の質量はゼロ（質量があったなら、光速で移動できません）。そして、マクスウェルの電磁気理論によると、光の圧力はエネルギーに比例します。

先ほど、花子さんが太郎さんに向けてボールを投げた話をしました。今度は、ボールの代わりに、光を放射したとします。ボールを投げたときと同じように、花子さんは光の圧力のために重心から遠ざかっていきます。キャッチボールと違うところは、光が質量を持っていないということです。ですから、もし「質量保存の法則」と「エネルギー保存の法則」が別々に成り立っているのなら、花子さんは、光を放ってエネルギーを失ったが、質量は変わらない。太郎さんも、光をキャッチしてエネルギーが増えたが、質量は変わらない。そうすると、花子さんのほうが重心より遠ざかっているので、二人の重心が移動してしまったことになります。これは、運動の法則と矛盾します。

重心が動かないためには、キャッチボールのときのように、光を放射した花子さんの質量が減り、光をキャッチした太郎さんの質量が増えていればよいのです。花子さんは光の圧力を受けて動き出したので、その効果を相殺するためには、質量の変化が光の圧力に比例する必要があります。光の圧力はエネルギーに比例するので、花子さんの質量は、失ったエネルギーに比例して減少するということになります。同じように、太郎さんの質量は、受け取ったエネルギーに比例して増加する。つまり、エネルギーをやり取りすることで、質量が変化したのです。ここまでわかれば、後は作用・反作用の効果を計算することで、この比例係数が光速の二乗、つまり「$E=mc^2$」であることを示すことができます。

アインシュタインは、一九〇五年九月に書き上げた補遺を、「エネルギーの量が大きく変化する物質を調べれば、この理論を検証することは不可能ではない」と結びました。これが実現したのは、二七年後の一九三二年。イギリスの物理学者ジョン・コッククロフトとアーネスト・ウォルトンが、リチウムの原子核に陽子をぶつけ、それが二つのヘリウム原子核に組み変わるときに、質量の総量が〇・二パーセントだけ減少していることを見つけたのです。この減少分を「$E=mc^2$」でエネルギーに換算すると、衝突のときに放出されるエネルギーと二〇〇分の一の誤差で一致しました。

## もし光より速い粒子があったらどうなるか

ところで、特殊相対論と言えば、二〇一一年九月に発表された「超光速ニュートリノ」のことを思い出す人もいるでしょう。ニュートリノという素粒子を、スイスのジュネーブからイタリアのグランサッソまで飛ばしたところ、光よりも速く届いたとする実験結果が公表されたのです。「特殊相対論が修正されるかもしれない」、また「タイムマシンが可能になるかもしれない」などと報道されました。

第五章で詳しく説明しますが、光より速い粒子があったとすると、粒子と同じ方向に走っている人からは、その粒子が過去に向かっているように見えることがあります。これを使えば、原理的には、過去に情報を送るタイムマシンができることになります。しかし、もしタイムマシンができるとしたら、科学の基礎の一つである因果律を破ってしまいます。たとえば、タイムマシンで過去に行って、自分が生まれる前の両親を殺してしまったらどうなるのかというパラドックスがありますが、これは因果律の破れをわかりやすく説明する例です。

因果律は科学の基礎なので、これを破らないように、特殊相対論では光速を制限速度にしているのです。ですから、もし光より速い粒子があったら、特殊相対論を修正するか、もしくは、因果律の破れを受け入れることが必要になります。

特殊相対論によって、ニュートンの力学とマクスウェルの電磁気学の矛盾を解いたアインシュタインには、まだ気になることがありました。ニュートンの重力理論では、質量のあるものを動かすと、その影響は重力の変化として一瞬で伝わることになっています。そうすると、光より速く情報を伝えることができるので、特殊相対論と矛盾してしまうのです。重力理論と特殊相対論はうまくかみ合っていなかった。この問題を考え続けたアインシュタインは、一九一五年にもう一つの相対論を完成します。次の章では、アインシュタインが特殊相対論から一〇年かけて築き上げたこの「一般相対論」について説明していきます。

第三章

# 重力はなぜ生じるのか

――一般相対論の世界

## まずは「次元の低い」話をしよう

アインシュタインの相対論には、「特殊」と「一般」の二つがあります。前者は一九〇五年、後者は一九一五年に完成しました。この二つは、いったい何が違うのでしょうか。

前章で説明した特殊相対論が「特殊」と呼ばれるのは、それが基本的に物体の等速直線運動を説明するものだったからです。第一章でも触れたとおり、物体の運動は「力」が働かないかぎり変わることがありません。同じ速度で、まっすぐに動く。これが等速直線運動です。

しかし自然界にはさまざまな「力」が働いていますから、これはかなり「特殊」な状態だと言えるでしょう。とくに重力は「万有」であり、すべての物体はそれと無縁ではいられません。それによって運動がどう変わるのかを説明しなければ、「一般的」な理論とは言えないわけです。

そして一般相対論は、まさに重力の働きを解き明かすものでした。ですから、重力理論をテーマに書いている本書も、実はここからが本番ということになります。

一般相対論は難解だと言われますが、ここから話が難しくなるというわけではありません。まず、「次元の低い」話から始めることにしましょう。本来は四次元の時空を取り扱っている理論を、二次元空間の簡単な場合で説明するので、文字どおり「次元の低い」話です。

ちなみに、「本来は四次元」と聞いて、「空間は三次元では？」と首をひねった人もいると思いますが、この四次元は「空間三次元＋時間一次元」のこと。相対論では時間と空間がどちらも伸び縮みするので、両方を合わせて「時空」という概念でとらえます。

時空の次元とは、「位置を決めるためにいくつの情報が必要か」と同じことだと考えるといいでしょう。三次元の「空間」では、縦、横、高さの三つの情報があれば位置が決まります。たとえば京都は街が碁盤の目のようにできているので、住所を見れば平面上の位置はすぐにわかりますが、誰かと待ち合わせするときに「四条河原町の髙島屋で」と伝えただけでは、何階に行けばいいのかわかりません。「六階の喫茶店で」と高さまで伝える必要があります。

しかし待ち合わせの場合、それだけでは不十分でしょう。縦、横、高さの三つの情報だけでは、何時にそこに行けばいいのかわからない。そこに「午後三時に」という四つ目の情報＝時間を加えて初めて、「時空」における位置が決まるわけです。

## 二次元空間に「球」が現れたらどう見えるか

空間が二次元（時空は三次元）の世界は「高さ」のない平面ですから、縦、横、時間という三つの情報があれば位置が決まります。では、空間が四次元（時空は五次元）の世界ではどうなるのか。そこでは、縦、横、高さ、時間以外に、もう一つ別の情報がなければ位置を決められないはずです。

三次元空間で暮らす私たちには想像の難しい話ですが、それを考える上で参考になる小説があります。十九世紀イギリスの作家エドウィン・A・アボットの『フラットランド』(日経BP社)という風刺小説です。

その舞台である「フラットランド」では、人々が三角形、四角形、五角形といった平面図形の姿をしています。階級社会を風刺した作品なので、辺の数が多いほど身分が高い設定になっており、下層労働者は二等辺三角形、中産階級は正三角形、紳士階級は正方形と正五角形、貴族階級は正六角形から。最高位として君臨するのは聖職者の円です。

平面なので、お互いの姿は「線」にしか見えません。しかし三次元空間の私たちが右目と左目から見た像を組み合わせて立体的な奥行きを感じ取ることができるのと同じように、彼らも二次元面上の遠近感を把握できるので、それが何角形なのかわかります。

主人公は、正方形の「A・スクエアー」氏。物語のハイライトは、その主人公の目の前に三次元の「球」が出現するところでしょう。「球」はフラットランドの「上」からやってくるのですが、A・スクエアー氏には「上」が見えないので、最初に見えるのは「点」でしかありません。次にそれが横に伸び始め、徐々に幅を広げ、A・スクエアー氏は「これは円が大きくなっているのだな」と認識します(図12)。

たしかに、平面の世界に立体的なものが現れたら、そんなふうに見えるでしょう。そう考えると、私たちの世界を「四次元の球体」が訪れたときの様子も想像することができます。まず、私たちには見ることのできない方向から突如として空間に「点」が現れ、それが徐々に広がって「球」になる。もしそれが私たちの三次元空間を通り過ぎれば、やがて「球」は縮んでゆき、

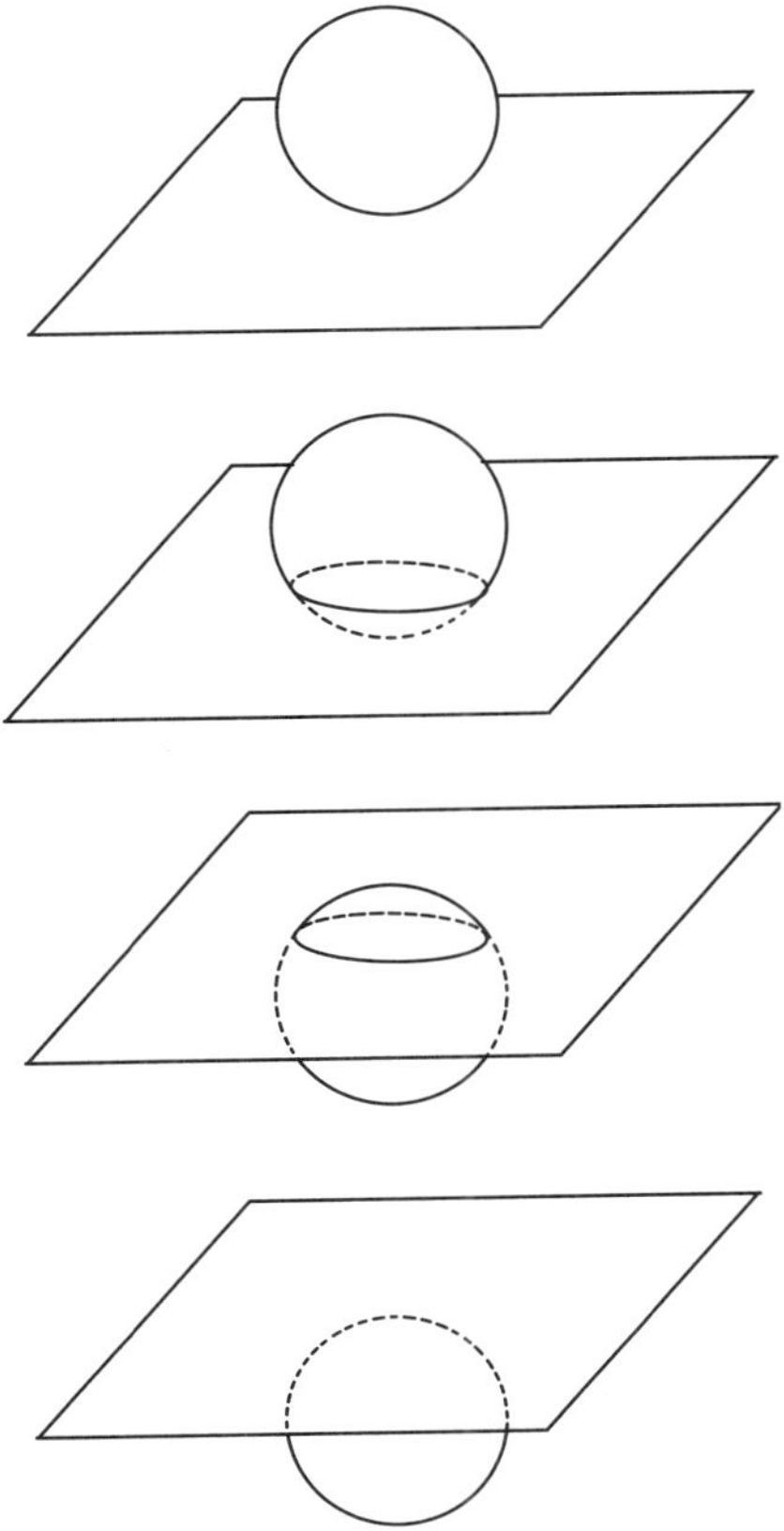

[図12]フラットランドに3次元の球が訪れる。

最後はまた点になって消えるでしょう。

「球」と仲良くなったA・スクエアー氏は、一緒に「上」の世界へ連れていってもらい、生まれて初めてフラットランドを見下ろしました。彼はそれを「内側が見える」という言葉で表現します。さらにA・スクエアー氏は、次は四次元空間に連れていってほしいと頼んで、「球」を困らせました。

もし三次元空間を「上から見下ろす」ことができれば、立体の「中身」が見えるでしょう。A・スクエアー氏の体験を延長して考えれば、理屈ではそうなります。しかし私たちには、それがどういうことなのか想像もつきません。「球」も三次元空間の住人なので、そんなことを頼まれても困ってしまうわけです。ちなみにA・スクエアー氏自身も、「球」と出会う前に「二次元世界の王」と出会い、二次元世界のことを理解させることができずに苦労していました。

ともあれ、ゼロ次元（点）、一次元（線）、二次元（面）、三次元（立体）……と空間の方向が増やせる以上、四次元、五次元、六次元……の空間が絶対にあり得ないとは言えません。事実、本書の後半では「一〇次元の時空」が登場しますので、いまの「フラットランド」の話を頭の片隅に置いておいてください。

## 円の中心にものを置いたら中心角が三六〇度より減った!?

話を「次元の低いアインシュタイン理論」に戻しましょう。

前にお話ししたとおり、特殊相対論は時間と空間が伸び縮みすることを明らかにしました。それに対して一般相対論では、物体の「質量」も空間を歪め、時間を伸び縮みさせると言います。それらの変化が、物体の運動に影響を与える。それこそが、アインシュタインが解明した重力の仕組みです。

そう言われても、ふつうは何のことだかイメージできないでしょう。だから話をわかりやすくするために「フラットランドの重力理論」を考えるわけです。もしアインシュタインが「フラットランド」の住人だったら、一般相対論における重力の働きを、どんなふうに説明するでしょうか。

まず、フラットランド上に点が一つあると思ってください。それを中心に円を描くと、当然ながら中心角は一周三六〇度です。しかし、その点に何か重たいものを置くと、その質量によってこの角度が減る、「欠損角」が生じるとアインシュタインは考えました。本来は三六〇度あるはずの中心角が三三〇度や三〇〇度になるなど、質量が大きいほどその点のまわりの角度が欠けてしまうのです。

では、このときフラットランドの地面はどうなるでしょうか。

それは、紙とハサミを用意して実際に「欠損角」を作ってみればわかります。円を描いて、その一部を図13のように扇形に切り取ってみる。仮にその扇形の中心角が六〇度だとすれば、残った「円」の中心角は三〇〇度です。

でも、そのままでは切り取った部分が離れているので、円になりません。それを円にするには、端と端をくっつける必要があります。すると、紙は平らではいられません。魔法使いの帽子のように、とんがった形になってしまいます。

それが「円」と呼べるのか？　と思うかもしれません。学校で習うユークリッド幾何学では、円の中心角は三六〇度、三角形の内角の和は一八〇度など、図形と角度の関係が決まっています。でも、それは「平面上」での話。数学の世界には、曲がった平面上の図形について考える幾何学もあります。たとえば地球儀の上で東京とロンドンとロサンゼルスの三点を直線で結ぶと大きな三角形になりますが、その内角の和は一八〇度より大きくなるでしょう。逆に、馬の鞍のように反り返った曲面では、一八〇度より小さくなる。平面の曲がり具合は、図形の角度を調べることでわかるということです。

ともあれ、先ほど紙で作ったフラットランドは、円の中心角が三〇〇度になるような歪み方をしています。質量が欠損角を作ることによって、二次元空間が歪んでしまったのです。

しかしフラットランドの住人は「上」も「下」もわからないので、自分の住む世界が立体的に歪んでいることに気づきません。ボールを投げた場合も、まっすぐに進むはずだと考えます。

ところが実際には空間が歪んでいるので、ボールは円の中心に向かって曲がります。たとえば図14の矢印のように、二つの方向に投げられたボールは、欠損角の中心に向かって「見えない力」に引き寄せられ、再会します。中心に置かれた質量によって「重力」が生じているかのようです。しかし、この「魔法使いの帽子」を切り開いて平面に置くと、各々のボールの軌跡は直線です。そこには、何ら特別な力は働いていません。

[図13]「欠損角」のまわりでは、2次元面は魔法使いの帽子のようにとんがった形になる。

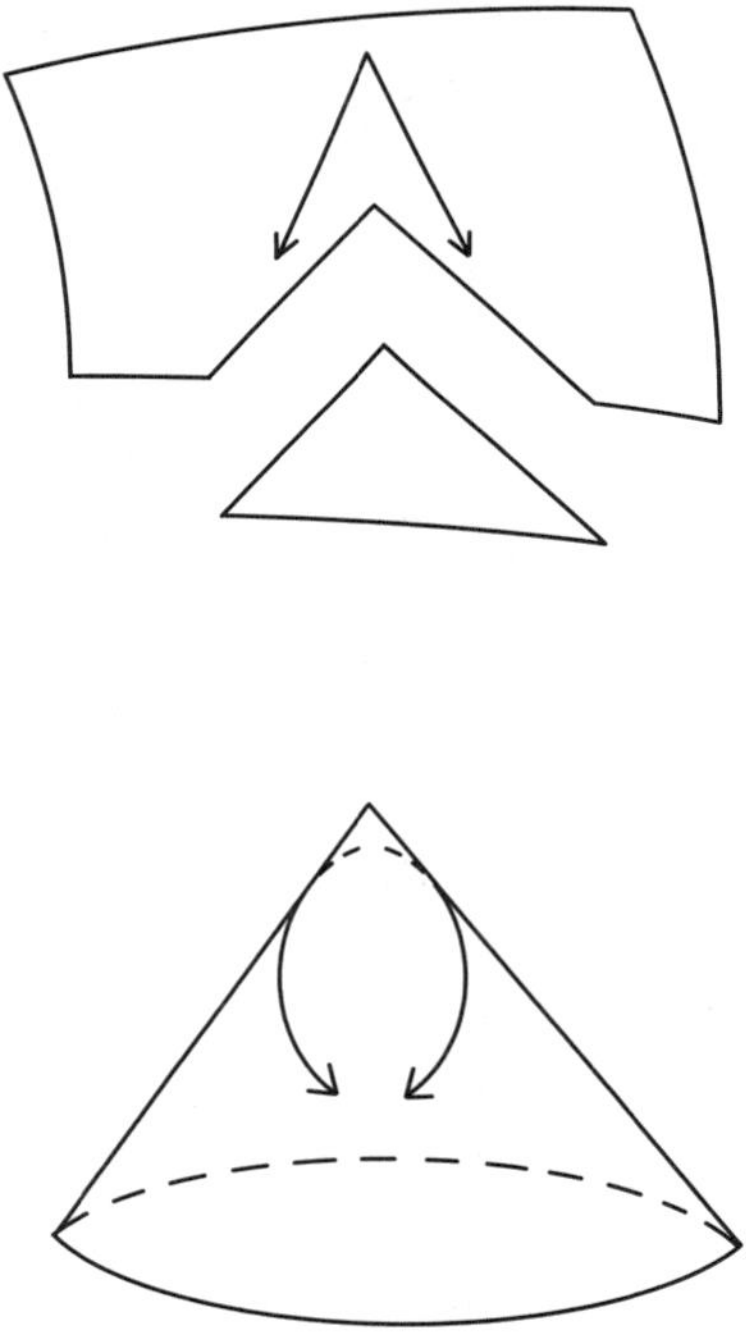

［図14］2本の矢印に沿ってまっすぐ進んでいるはずなのに、欠損角があると、あたかも重力に引きつけられるかのように再会する。

ですから、このアインシュタイン理論で考えるかぎり、重力は「幻想」でしかありません。重力という力の作用があるように見えるだけで、その現象の正体は「欠損角」であり、それによって生じる「空間の歪み」なのです。

アインシュタインが一般相対論で示した方程式は、その欠損角と質量の関係を明らかにするものでした。その式によれば、質量が大きいほど、欠損角も大きくなります。それだけ空間の歪み方も大きくなるので、重力が強く働いているように見える。それが、「二次元空間のアインシュタイン理論」のすべてだと思ってかまいません。

## 重力の正体は時間や空間の歪みだった

では、それが私たちの三次元空間になると、どうなるのか。

もともとアインシュタインは三次元空間の重力を説明するために理論を作りましたが、できあがった方程式は数学的な世界ですから、何次元の空間でも使えます。それを二次元空間に当てはめて解いたのが、先ほどの説明でした。

しかし異なる次元に適用した場合、すべてが同じようになるわけではありません。「二次元空間のアインシュタイン理論」と「三次元空間のアインシュタイン理論」には、違いもいくつかあります。

一つは、フラットランドでは「重力波」が生まれないこと。私たちの三次元空間でもまだ直接的には観測されていませんが、二次元空間の場合は理論的にもあり得ません。重力波にかぎらず、電磁波にしても音波にしても、波はさまざまな方向に揺れながら伝わります。ところが二次元空間では空間が揺れる方向がかぎられているので、重力波は伝わらないのです。

また、フラットランドには「ブラックホール」もありません。「円周率＝三・一四……が成り立たない世界」（105ページ）の節で説明しますが、三次元のアインシュタイン理論では重力によって空間が歪むだけでなく、時間も伸び縮みします。重力が極端に強くなって、時間が止まってしまうのがブラックホールです。ところが、フラットランドでは時間が変化しないので、ブラックホールもできないのです（正確には二次元空間でも、後で出てくる「宇宙項」を使ってアインシュタイン方程式を変更するとブラックホールを考えることができます。ただしその場合には、ブラックホールからいくら離れても空間が平らにならないので、「フラットランド」にはなりません）。

しかし、重力によって空間の性質が変わるところは、三次元も二次元と同じです。質量によって空間が歪み、それが物体の運動に影響を及ぼしている。フラットランドのA・スクエアー氏には「球」がどこから来たのかわからなかったのと同様、三次元空間の住人である私たちには、空間がどのように歪むのかイメージすることができません。でも、先ほど欠損角を切り取った紙が立体的に歪んだのと同じように、私たちのこの空間も歪むのです。

たとえば太陽系の運動を思い起こせば、それも少しはイメージしやすいのではないでしょうか。紙で作った「歪んだフラットランド」の中でビー玉を転がすと、中心点に引き寄せられるように曲がって見えます。私たちの三次元の空間で、地球が太陽のまわりを回り、月が地球のまわりを回っているのも、空間や時間の歪みのせいで運動の方向が曲げられているのです。

## アインシュタインの人生最高のひらめきとは?

ところで、話は前後しますが、こんな理論をアインシュタインはどのように考え出したのでしょうか。質量があると、どうして空間や時間が歪むのかを、アインシュタインの思考のステップを追いながら考えていきましょう。

一九〇五年に特殊相対論を発表したアインシュタインは、同じ年に別な二つの重要論文を発表しました。原子や分子の存在を裏づける「ブラウン運動」に関する理論と、のちに大きく発展する量子力学の基礎となった「光量子仮説」です。

ブラウン運動とは、たとえば水面に散らした花粉が小さく運動する現象のことです。当時はまだ原子や分子が本当にあるかどうか不明でしたが、アインシュタインは原子が存在すればブラウン運動が説明できることを示しました。

一方、光量子仮説は、それまで「波」だと思われていた光が「粒子」の性質を併せ持っていることを示したもので、この研究にはノーベル賞も与えられました(相対論にノーベル賞が与えられなかった事情については、後でお話しします)。これだけの業績を上げたことで、一九〇五年はアインシュタインにとって「奇跡の年」と呼ばれています。

しかし、それでもすぐには大学での職が見つからなかったため、アインシュタインはその後も四年間、ベルンの特許局に勤め続けました。仕事の余暇を使って、物理学の研究をしていたのです。

　そんなある日、特許局のオフィスで考え事をしていた彼は、自ら後年になって「最高のひらめき」と呼んだアイデアを得ました。一九〇七年のことです。

落ちていくときには、自分の重さを感じない。

　これが、その「ひらめき」でした。第一章の「第五の不思議」（38ページ）でもお話ししましたが、空中で飛行機のエンジンを止めて自由落下させると、機内の人は「無重力状態」を経験できます。地面に向かって落下していながら、重力を感じずにフワフワと浮いている。アインシュタインの言うとおり「自分の重さを感じない」のです。

　もっとも、これはニュートン力学でも説明できないわけではありません。前述したとおり、重力を感じる「重さ」と動かしにくさを表す「質量」が等しいと仮定すれば、両者の効果が相殺されて、重いものも軽いものも同じ速さで落下します。そのため、飛行機も乗客も同じように落ちる。だから自由落下している飛行機の中では重力が働いていないように感じられる――というわけです。しかし、そこでは「重さ」と「質量」がなぜ等しいか、つまり「重力」と「動かしにくさ」がなぜ関係しているのかが説明されていません。

　アインシュタインの「最高のひらめき」とは、このニュートン以来の論理を逆転させることでした。「重さと質量が等しい」と仮定して、「落下中は重力を感じない」ことを説明しようとするのではなく、その逆に、「落下中は重力が消え、力が働かない」ことを仮定して、「重さと質量が等しい」ことを説明しようと提案したのです。

エレベーターが上方向に加速しているときには、乗っている人は下方向に押しつけられる力を感じます。この力は質量に比例するので、まるで重力が増えているかのようです。逆に、下方向に加速すると、上方向に引っ張られる力を感じるので、重力が減る。ニュートン力学では、エレベーターの加速運動で感じる力を「見かけの重力」と解釈します。しかし、アインシュタインは、これは「見かけの重力」や「重力に似たもの」などではなく、重力の本性にほかならないと主張しました。重力そのものが、実際に増えたり減ったりしているというのです。加速運動で生じる見かけの力が重力と同じものであるというアインシュタインのアイデアは、「等価原理」と呼ばれています。

この加速度をうまく調節すれば、「見かけの力」と重力を相殺して、重力を完全に消すこともできます。その加速度とは、エレベーターを自由落下させたときの加速度です。エレベーターのロープを切って自由落下させると、エレベーターは重力に引かれてどんどん下向きに加速していきます。これが「重力加速度」です。このとき、エレベーターに乗っている人は、フワフワと浮くことでしょう。つまり、重力加速度で下降しているエレベーターの中の人は、無重力状態を経験することになるのです。エンジンを切った飛行機も重力加速度で下降するので、その中はやはり無重力状態になります。

## 消せる重力、消せない重力

もし重力がどこでも一様に働いているのであれば、これで話はおしまいです。私たちが見渡すかぎり同じ方向に同じ強さで重力が働いているとしましょう。このとき、私たちは重力の働く方向に何か重いものがあって、私たちを一様に引きつけているのだと思います。しかし、実はこれは幻想で、引きつけているものがなくても、私たちがいっせいに加速運動をしていれば、まったく同じように力を感じます。逆に、加速運動を調節すれば、重力を消してしまうこともできます。つまり、重力とは加速度があるということと同じことで、重力についてそれ以上説明することはありません。

しかし実際には、重力が一様に働き、加速度によって「消す」ことができるのは、むしろ例外的な状態です。たとえば地球から遠ざかっていけば重力は徐々に弱まります。また、地球上でも、北極と南極では重力は逆方向に働きます。この場合の重力は、その強さも方向も、決して「一様」ではないのです。

先ほど、自由落下するエレベーターの中では重力を感じないという話をしました。これはエレベーターが地球の半径よりずっと小さくて、地球からの重力がほぼ一様であると考えられるときに成り立つことです。地球と同じくらいの大きさのエレベーターの中では、重力は一様ではないので、エレベーターを自由落下させても重力を消すことはできません。

重力が消せないことを示すために、大きなエレベーターの中で二つのボールを落下させるこ

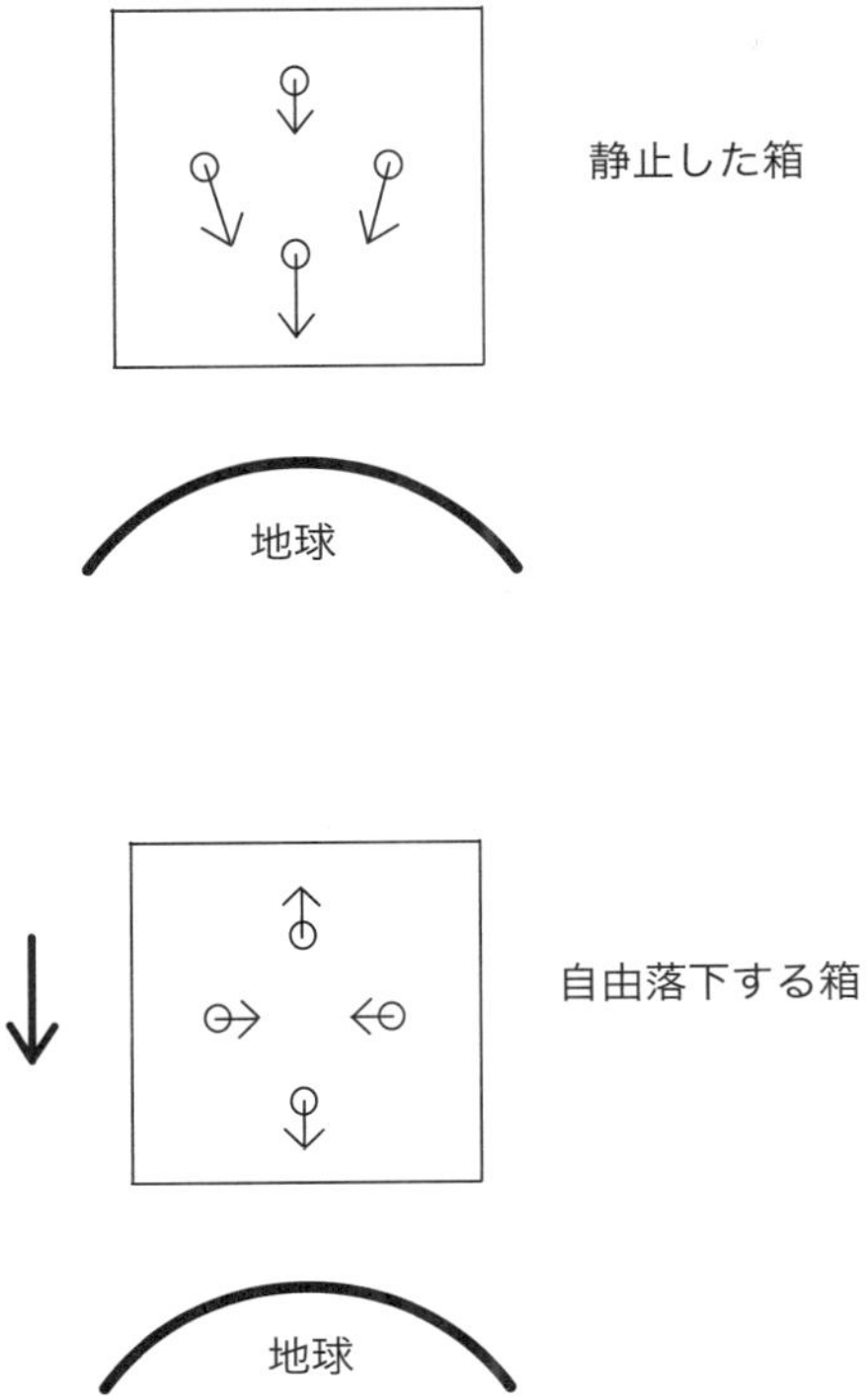


[図15] **大きな箱の中では地球からの重力は一様ではない。箱を自由落下させても、重力を消すことはできない。**

とを考えてみましょう。二つを地面と垂直の方向に並べて同時に落とした場合、高い位置にあったボールのほうが地球の重力が弱いので、低いほうよりもゆっくり落下します。したがって、二つのボールだけを観察すると、お互いの距離は離れていく。自由落下するエレベーターの中でこれをやれば、空中に浮いているボールが上下に離れていくように見えるはずです。

一方、ボールを水平に並べて落下させた場合はどうか。高さは同じですから、こちらは二つとも同じ速さで落ちますが、どちらも地球の中心に向かって運動するため、二つの距離は徐々に近づいていきます。自由落下するエレベーター内なら、浮かんだボールがくっつこうとするように見えるでしょう（図15）。つまり地球の重力には、縦方向には物体を引き伸ばし、水平方向には押し潰す働きがあるのです。

同じことは月の重力でも起きます。月が地球に及ぼす重力は、地球を縦方向に引き伸ばし、横方向に押し潰そうとする。そのため、地球の表面にある海水は、月の方向に沿って膨らんで満ちてゆき、それと直行する方向からは退いていきます。これが潮の満ち引きが起きる仕組みです。

このため、一様でない重力による効果を、一般に「潮汐力《ちょうせき》」と呼びます。

「潮汐力」はどの観測者から見ても消すことができない。ここが、重要なポイントです。このように消すことのできない力をどのように考えたらよいかが、アインシュタインが最も苦心したところでした。

## 回転する宇宙ステーションの中では何が起きるか

重力が一様でない場合にも、空間の各点では重力の効果を相殺することができます。各々の点でエレベーターの加速度を調節すれば、エレベーターの中を無重力状態にできるからです。一様でない重力の場合に問題になるのは、場所ごとに違う加速度のエレベーターを考える必要があるということです。このような重力を説明するためには、「違う速さで動いている観測者のあいだの関係がどうなっているか」を理解することが必要になります。

幸い、アインシュタインはすでにそのような理論を作っていました。前章で取り上げた特殊相対論です。この理論は、まさしく違う速さで運動している観測者の関係を説明するものです。これを使えば、一様でない重力について考えるヒントが得られるのです。

では、それを理解するために、また思考実験をしてみましょう。これは、アインシュタインが、一般相対論を発表した歴史的論文で、説明のために使っている例（を現代風にアレンジしたもの）です。

実験の舞台は、くるくると回転する宇宙ステーションです。回転させるのは、無重力状態は長期滞在に不向きだからです。無重力状態では、筋肉が衰えたり骨からカルシウムが溶け出したりといった健康面での悪影響もありますが、回転させると遠心力が生じるので（加速するエレベーターと同じく）重力があるのと同じ状態になります。外側に引きつけられるので、地球上の重力と同じになるように回転速度を調整すれば、そこをふつうに歩くことができるでしょう。もちろん宇宙には「上」も「下」もないので、私たちは引っ張られるほうを「下」だと感じます。

これは昔からあるアイデアで、たとえば『2001年宇宙の旅』のようなSF映画でも、宇宙ステーションはたいてい回転していました（ちなみに現在の国際宇宙ステーションは、無重力状態での実験などを行うこともあり、回転していません）。

アインシュタインの等価原理によると、加速度や遠心力によって生じる引力は、「見かけの重力」ではなく「重力そのもの」です。遠心力と重力は区別されません。回転する宇宙ステーションの中には「本物の重力」があるのです。

そして、この重力は一様ではありません。中心から放射状に広がっているので方向は一つではありませんし、回転速度が外側に行くほど速いので、遠心力（すなわち重力）は内側より外側のほうが強くなります。この私たちの日常とは性質の異なる空間では、いったいどんなことが起こるでしょうか。

ここでアインシュタインが考えたのは、「この宇宙ステーションで回転部分の円周を測った

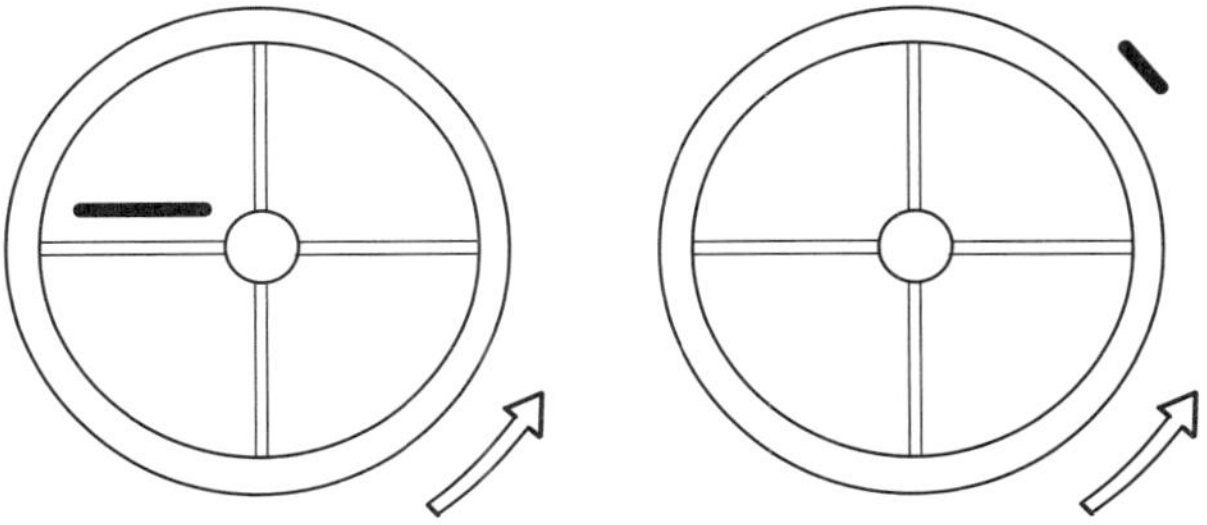

[図16] 宇宙ステーションの円周を測ろうとすると、ローレンツ収縮のため、定規が縮んでしまう。

らどうなるか」という問題です。学校で教える円周の長さは、「直径×π」。πは無理数ですが、ここでは三・一四だとしましょう。宇宙ステーションの回転部分は円ですが、果たしてその長さは「誰から見ても」直径×三・一四になるでしょうか。

## 円周率＝三・一四……が成り立たない世界

では、私が宇宙ステーションに乗り込み、定規を持って直径と円周を測りますから、あなたはそれを宇宙ステーションの外から観察していると思ってください。使う定規はあまり長くないので、何回も継ぎ足すようにして測らなければいけません（たとえば二五センチメートルの定規で一メートルを測るなら定規を四回使うことになります）。

図16のように、まず宇宙ステーションのいちばん外側から中心に向かって直径を測りましょう。これは回転運

動と直交する方向の作業なので、その影響を受けません。宇宙ステーションが止まっているときに定規を一〇〇回使ったなら、回転中も一〇〇回になります。外から見ているあなたにとっても、とくに不思議なことは起こりません。

ところが、次に私が円周を測り始めると、とたんにおかしなことが起こります。あなたには、私の使っている定規が、直径を測っていたときよりも短く見えるでしょう。特殊相対論によると、動いている物体は、運動の方向に縮んで見えるからです。

「そんな短い定規で測ったら、直径との比較が正しくできないぞ！」

あなたはそう叫ぶでしょうが、残念ながらその声は私に届きません。

さて、作業が終わりました。あなたから見た宇宙ステーションの円周は、あくまでも直径の三・一四倍です。たとえば、直径を測るのに定規を一〇〇回使ったのなら、同じ長さの定規で円周を測るのには三一四回使うはずです。ところが、あなたから見ると、ローレンツ収縮のために、私の使っている定規は短く見えます。同じ長さを短くなった定規で測っているので、定規を使う回数は増えています。たとえば、三一四回より多い、三五〇回使ったとしましょう。

直径を測るのに定規を一〇〇回、円周を測るのに三五〇回使ったので、定規が縮んだと思っていない私は、円周は直径の三・五倍だったと報告します。つまり、宇宙ステーションの上では、重力によって空間の性質が変わり、「円周率＝三・一四」ではなく「＝三・五〇」となっているのです。

先ほどのフラットランドでは、ある点に重たいものを置いたときには、質量で欠損角が生じて平面が歪み、円の中心角が三六〇度より小さくなりました。当然、そのために円周も短くなっています。つまり、円周率が三・一四よりも小さくなったわけです。

それに対して今回の宇宙ステーションの話では、逆に円周率が三・一四よりも大きくなりま

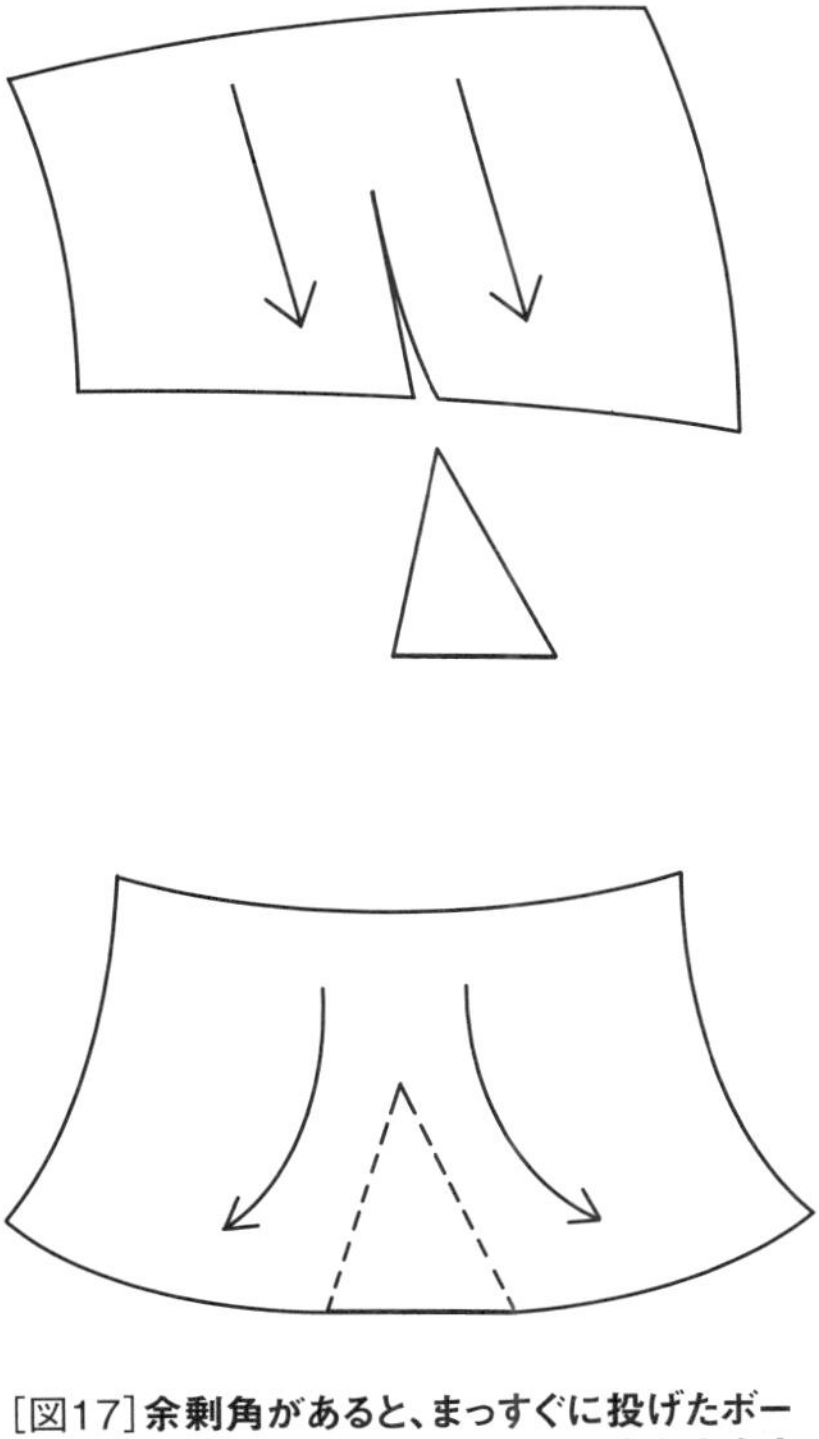

[図17] **余剰角があると、まっすぐに投げたボールが外側に曲がる。これは、遠心力を空間の性質で説明したことになる。**

した。欠損角ではなく「余剰角」ができるので、図形は全体的に広がります。たとえば、円周率が三・五〇なら、中心のまわりの角度は三六〇度ではなく四〇一度。余剰角は四一度ということになります。

余剰角を作ってみましょう。図17のように紙に切れ目を入れて、別に用意した扇形の紙をそこに差し込んで貼りつけます。そうすると、中心のまわりの角度が扇形の角度の分だけ大きくなります。この大きくなった分が余剰角です。

紙にあらかじめ直線を引いておいてから余剰角を作ると、直線だと思っていたものが、外側に曲がっているように見えます。つまり、まっすぐ投げたボールが外側に曲がるのです。まさに「遠心力」が働いているように見えるわけですが、空間の歪みが運動の方向を変えているにすぎません。

同様に、加速する自動車に乗っているときに私たちが背中をシートに押しつけられるように感じるのも、加速度（＝重力）が空間を歪めているため。いずれも、そこで働く力は「幻想」なのです。

この宇宙ステーションの例では、外向きの人工重力（遠心力）が、余剰角を引き起こしました。これと反対に、ある点に重いものを置くと、内向きの力が働きます。遠心力とは逆向きなので、空間の歪み方も逆になるはずです。余剰角の逆とは、欠損角です。フラットランドの話で、ある点に重いものを置くと欠損角ができたのは、そのためです。

遠心力も、質量による引力も、空間の歪みと関係があることがわかりました。

宇宙ステーションの中の時間や空間には、そのほかにも不思議な性質があります。たとえば、動いているものの時間は遅れて見えるという特殊相対論の効果のために、回転している宇宙ステーションの時間も遅れます。重力を強くするために回転速度を上げると、時間の遅れはさらに大きくなります。重力が強くなると時間の遅れが大きくなることは、重力の基本的な性質で、この後に出てくるGPSやブラックホールの話でも大切な役割を果たします。

また、宇宙ステーション全体で時計を合わせることはできません。あなたと私が同じ場所に立っていて、あらかじめ二人の時計を合わせておくとします。私が時計を合わせる係になって、円周に沿って一定方向に歩きながら、いろいろな場所に立っている人の時計を順番に合わせていき、グルッと回って、あなたの待っているもとの場所に戻ってきます。説明は省略しますが、再会したときには、二人の時計は合っていないのです。

空間の歪み、時間の遅れ、時計合わせの困難。これらはすべて、宇宙ステーションの上の「人工重力」によるものです。アインシュタインは、このような考察から、重力とは、時間や空間の性質の変化のことであると考えるようになりました。

## 数学者ヒルベルトとアインシュタインのデッドヒート

物体があると時間や空間が変化し、その時間や空間の変化が物体の運動に影響を与える。アインシュタインは、それが重力の正体だと考えました。しかし、その変化を方程式にまとめるのは容易ではありませんでした。そのためには、十九世紀後半に開発された、当時としては最新の幾何学が必要でした。単純な平面上の図形ではなく、複雑な歪み方をした空間の図形を扱う「リーマン幾何学」です。

アインシュタインは、たぐいまれな物理的洞察力に恵まれ、偉大な発見をしてきましたが、それを数学的に整備することは、これまではほかの研究者に任せてきました。しかし、今回にかぎっては、彼の物理的思考だけでは限界がありました。重力の理論を完成するには、本格的に数学の助けが必要だったのです。

「若い頃は、物理学者として成功するためには、初等的な数学さえ知っていればよいものだと思っていた」。アインシュタインはこのように友人に語っています。「しかし、後年になって、この考え方はまったく間違っていたと後悔した」

意外に思われるかもしれませんが、物理学と数学は同じ「理系」とはいえ違う学問分野ですから、いまでも物理学者はしばしば数学者の力を借ります。私が主任研究員をしている東京大学のカブリIPMUの日本語名称も「数物連携宇宙研究機構」で、この「数物」とは数学と物理学のこと。宇宙の真理を解明するには、両者の連携が欠かせないのです。

そのためアインシュタインは親友の数学者マーセル・グロスマンからリーマン幾何学の手ほどきを受け、苦心して方程式を作りましたが、最初に発表したものは残念ながら間違っていました。「物体があると空間や時間がどのように変化するか」を求める方程式と、「変化した空間や時間の中で物体がどのように運動するか」を求める方程式のあいだに、矛盾があったのです。

困り果てたアインシュタインは、ドイツのゲッチンゲン大学でその話をしました。当時、数学界の最重要拠点として知られていた大学で、そこには「当代最高の数学者」として名高かったダフィット・ヒルベルトもいます。アインシュタインの話を耳にしたヒルベルトは、「自分なら解ける」と考え、突然その問題にチャレンジし始めました。

「ゲッチンゲンでは、そのへんの道端にいる子どもでもアインシュタインより幾何学を知っている」と豪語したという話もありますから、相当な自信です。

そこから、火花を散らすような先陣争いが始まりました。一〇年かけてそこまで重力理論を突き詰めてきたアインシュタインとしては、最後の最後に手柄を横

［図18］ダフィット・ヒルベルト
（1862–1943）

取りされるのではないかと心穏やかではありません。

アインシュタインは一九一五年十一月の毎週木曜日に、ベルリンのプロイセン科学アカデミーで一般相対論についての連続講義をしていました。ところが、二回目の講義になっても、方程式は完成していません。そうしているうちに、ヒルベルトから、「方程式が導出できたので、ゲッチンゲンで講義をする。聞きに来てほしい」という手紙が届きます。アインシュタインは悩んだ末、招待を断ります。その後数日間の集中した研究の末、次節でお話しする水星の軌道の謎を解き、三回目の講義でこの最新の結果を発表しました。しかし、ちょうどその日に、アインシュタインの手元にヒルベルトの論文が届きます。翌週の講義で最終的な方程式を発表する予定だったアインシュタインは、あわててヒルベルトに手紙を書き、先取権を主張しました。

ヒルベルトの返事は、アインシュタインの水星軌道の計算の成功を祝し、一般相対論発見の功績を認める友好的なものでした。もともとアインシュタインの「最高のひらめき」がなければ生まれなかった理論なのですから、当然のことだと思います。

第一章では、重力が離れていても働くことを「第三の不思議」（30ページ）としました。アインシュタインは、離れたもののあいだの重力を伝えるものが時間や空間の歪みであることを発見し、この不思議を解きました。さらに、本書の後半では、このアインシュタインの理論を量子力学と組み合わせると、重力を伝える粒子が出現することを説明します。

## 水星の軌道を説明できた――アインシュタイン理論のテストその一

さて、方程式は無事に完成しましたが、アインシュタインの仕事がそれで終わるわけではありません。理論ができあがったら、本当にそれで自然現象が説明できるのかどうかを検証する必要があります。

ヒルベルトと先陣争いをしていた一九一五年の秋に、アインシュタインは、完成途上の方程式を使って水星の軌道を計算しました。ニュートンの重力理論では、水星の内側（太陽寄り）にもう一つ未知の惑星がなければ、その動きを説明できなかったからです。

太陽系の惑星は、太陽の重力だけを受けているわけではありません。惑星同士のあいだでも、無視できない強さの重力が働いています。したがって、その影響をすべて計算しなければ、正確な軌道は割り出せません。

その点で、ニュートン理論は一つ大成功を収めていました。まだ海王星の存在が知られていない時点で、天王星の外側に未知の惑星があることを予言していたのです。その惑星があればニュートン理論が正しく、なければ天王星の動きを説明できないので理論が破綻していることになる。そして一八四六年、理論的に予測されたとおりの軌道上に、海王星が発見されました。

ニュートン理論の大勝利です。

人々は、水星の内側にも「二匹目のドジョウ」がいるだろうと考えました。海王星は見つかってから命名されましたが、こちらは「バルカン」という名前まで先に決まっていたのですから、気の早い話です。それぐらい、ニュートン理論が信用されていたということでしょう。

ところが、いくら探してもバルカンは見つかりません。そこに颯爽《さつそう》と登場したのが、アインシュタインの一般相対論です。その方程式で水星の軌道が説明できれば、「バルカン」がなくても困りません（むしろ、あると困ります）。

結果は、アインシュタインの大勝利でした。バルカンがなくても、水星の動きは一般相対論の方程式にぴたりと当てはまっていたのです。つまり、ニュートンの重力理論では水星の動きを説明できないということ。太陽から遠い（＝重力が弱い）天王星や海王星はニュートン理論の守備範囲でしたが、水星のように太陽の重力を強く受ける「極端な状況」は、想定外だったのです。

「それから数日間は、われを忘れるほど嬉しかった」

自分の理論で水星の運動が説明できることを確かめたアインシュタインは、そんな言葉を漏らしたと言われています。

## 重力レンズ効果が観測できた――アインシュタイン理論のテストその二

また、アインシュタイン理論は重力によって「光が曲がる」ことを予言していました。もっとも、これはニュートン理論にもなかったわけではありません。「万有引力」である以上、どんなに質量の軽い物質もその影響はゼロではないでしょう。したがって、かぎりなく質量ゼロに近い光も少しは曲がるはずだとする説はありました。

しかしアインシュタイン理論は空間と時間の歪みで重力を説明するので、「光が曲がる理由」がニュートン理論とは異なります。そのため、予測される曲がり方がニュートン理論のちょうど二倍になりました。

これを検証したのが、一九一九年にイギリスのアーサー・エディントンが行った皆既日食観測です。もし光が重力で曲がるならば、太陽の近くを通る星の光は本来の位置からズレて見えるはず。太陽は明るいので、ふだんはその光を観測することができませんが、皆既日食で暗くなれば、近くの星を見ることができます。その星の位置が夜間（つまり通り道に太陽がないとき）の観測から予想される位置とズレて見えれば、太陽の重力で光が曲がったことが証明されるわけです。

観測の結果、星の光が曲がる角度は、アインシュタイン理論の予言とほぼ一致していました。ここでも、一般相対論はニュートン理論に勝ったのです。この画期的な発見は、大ニュースとして伝えられ、第一次世界大戦で疲れ切っていたヨーロッパの人々に久々の明るい話題として受け入れられました。ドイツとイギリスは、戦争中の敵国同士です。ところがこのときは、ドイツ人のアインシュタインが築いた理論を、イギリス人のエディントンが証明しました。冷え切っていた独英の関係を修復したという意味でも、この観測には社会的に大きなインパクトがあったのです。

ところが、スウェーデン王立科学アカデミーのノーベル賞選考委員会は、「水星の軌道の謎の解明」や「エディントンの光の曲がりの観測」を相対論の検証とはみなしませんでした。一九二一年のノーベル物理学賞は、アインシュタインの光量子仮説に対して与えられましたが、正式の授賞理由には、「今回の授賞は、貴君の相対論や重力理論が将来検証された場合に、これらの理論に与えられるであろう価値とは無関係である」との文言が付け加えられていました。

選考委員会の判断はともかく、この「重力によって星の光が曲がる」という現象は、その後、天文学に大いに活用されるようになりました。とくに「暗黒物質」の研究には、これが欠かせません。数年前からマスコミにも取り上げられるようになったので、その言葉を見聞きしたことのある人は多いでしょう。暗黒物質とは、宇宙に大量に存在するとされる「謎の重力源」です。

その存在が最初に予想されたのは、一九三〇年代のことです。カリフォルニア工科大学の天

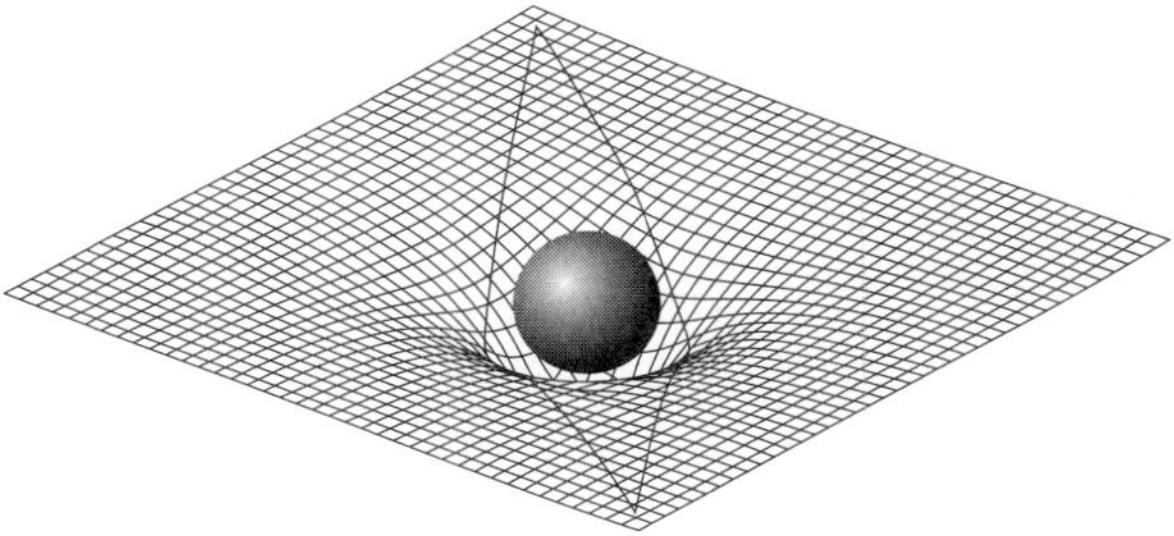

[図19]質量のある物質によって遠方の銀河からの光が曲げられる様子。

文学者フリッツ・ツビッキーが、たくさんの銀河が集まる銀河団の動きが、目に見える天体の重力だけでは説明できないことを発見しました。銀河団全体の「光」の量から計算した質量よりも、銀河団の運動から計算した質量のほうが、はるかに大きかったのです。銀河団の中に、何か目に見えない重力源があるとしか考えられません。

ツビッキーは、光が曲がる効果を使えば、その見えない重力源を観測できるはずだと主張しました。たとえ暗黒物質そのものは見えなくても、その近くを通る光は強い重力によって曲がります。したがって、大量の暗黒物質が存在すれば、その背後にある星や銀河の光が違う方向から地球に届くでしょう。

これが「重力レンズ効果」と呼ばれるもので、その後、宇宙ではそれが実際にたくさん観測されました。その見え方はさまざまで、一つの星の光が複数に分かれて地球に届くことも珍しくありません。重力で空間が歪むと、図19で示したように、向こう側とこちら側の二点間に複数の「直線」が引けるのです。また、遠方の星や銀河からの光が、輪のように広がって見えることもあります。これを「アインシュタイン・リング」と呼びます。

その一方で、暗黒物質の存在を否定する説も唱えられました。銀河の運動がニュートンやアインシュタインの重力理論と合わないのは、これらの理論が長距離では通用しないからではないか、という考え方です。

たしかに、ニュートン理論もアインシュタイン理論も太陽系ぐらいのスケールでは精密に検証されていますが、それをはるかに超えるような長距離では直接的には確かめられていません。たとえばニュートン理論では、重力の強さが距離の二乗に反比例するとされていますが、それが無限に通用するとはかぎらない。「想定外」の長距離では理論が変更を受けるかもしれません。そのため、暗黒物質が存在しなくても、銀河の運動を新しい重力理論で説明できる可能性はあります。

しかし最近の重力レンズの観測では、未知の重力源——すなわち暗黒物質——がなければ説明できない現象がたくさん見つかっており、重力理論を長距離の場合に変更する説は旗色が悪くなっています。重力レンズ効果は暗黒物質の存在を確かめるのに重要な役割を果たしているのです。

暗黒物質があるとしても、その正体はまだ不明です。かつては、光を発しない暗い天体がたくさんあるのではないかという説もあり、ＭＡＣＨＯ（Massive Astrophysical Compact Halo Object）と名づけられました。しかし、重力レンズの観測によると、暗黒物質の大部分はＭＡＣＨＯでは説明できないようです。

もう一つの可能性は、暗黒物質が通常の原子とは違う未知の素粒子からできているというものです。そうだとすると、宇宙には、そのような未知の物質が、星や星間ガスや私たちの体などを作っている通常の物質（原子）の六倍もあることになります。そのような素粒子の有力候補である「ＷＩＭＰ（Weakly Interacting Massive Particle）」は、宇宙空間の一リットルあたりに平均一個程度の割合で存在するとされています。ちなみに、ＷＩＭＰとは英語で弱虫という意味で、のちに提唱されたＭＡＣＨＯ（＝たくましい男）説は、ＷＩＭＰとの対比を意識して名づけられたそうです。このＷＩＭＰは地球にも大量に降り注いでいるはずなのですが、目に見えない上に、通常の物質をスルスルと通り抜けてしまうので、捕まえるのが容易ではありません。

しかし現在、世界の各地でそれを検知する試みが進んでいます。日本でも、カブリＩＰＭＵと宇宙線研究所が共同で、神岡鉱山の地下に「ＸＭＡＳＳ」という暗黒物質検出装置を作りました。また、カブリＩＰＭＵと国立天文台が共同で行う「ＳｕＭＩＲｅ プロジェクト」では、重力レンズを使って暗黒物質の分布を広範囲にわたって測定することになっています。

## 重力波をキャッチせよ──アインシュタイン理論のテストその三

重力レンズ効果のほかにも、アインシュタイン理論には重要な予言がありました。「重力波」の存在です。これは、マクスウェルの電磁気理論が予言した電磁波と似たようなものだと思えばいいでしょう。電磁波は電場と磁場が交互に誘導し合って、光速で空間を伝わります。一方アインシュタインは、時間と空間の曲がりが波となり、やはり光速で空間を伝わるはずだと考えました。

これはまだ直接的には観測されていませんが、間接的な証拠は見つかっています。それは、MIT（マサチューセッツ工科大学）の天体物理学者ジョセフ・テイラーと学生のラッセル・ハルスが、プエルトリコにある世界最大の電波望遠鏡で連星の周期を調べたときのことでした。ちなみにこの望遠鏡は、直径三〇〇メートル。映画『コンタクト』にも登場し、ジョディ・フォスターが地球外生命体からの信号をキャッチするために使っていました。

連星とは、二つの恒星が重力のために組になって、お互いのまわりをグルグルと回っている天体のことです。宇宙にはたくさんの連星があり、太陽系の惑星である木星も、もう少し大きければ恒星になって、太陽との連星になっていたかもしれません。

その連星の中には一方の星が正確な周期で電磁波を放つものがあり、「連星パルサー」と呼ばれています。テイラーたちは、電波望遠鏡でそれをキャッチし、連星の公転周期を観測していました。ところが、なぜかその周期が少しずつ短くなっていきます。これは、連星がエネルギーを徐々に失っているとしか思えません。エネルギーを失ったせいで二つの星の距離が近くなり、そのために周期が短くなっていると考えられるのです（ちなみに、地球のまわりを回る月は、地球に潮の満ち干を引き起こすことで地球の自転を減速し、その反作用で自らの公転エネルギーを増加させています。そのため、連星パルサーとは逆に、しだいに地球から遠ざかり、その公転周期は長くなっています）。

では、何が連星のエネルギーを持ち去っているのか。その「犯人」だと思われるのが、重力波です。たとえば携帯電話は電子の振動によって電磁波を発しますが、それと同じように、連星がグルグルと回転すると重力場が振動して波が伝わっていく。波が伝わるにはエネルギーが必要ですから、どこかから調達しなければいけません。そのために連星の回転運動のエネルギーを使っていると考えれば、辻褄が合うのです。

その仮定に基づいて、連星から持ち去られているエネルギーを計算したところ、その値はアインシュタインが予言した重力波のエネルギーと一〇〇〇分の一の精度で一致しました。この発見によって、重力波の存在はほぼ疑いのないものとなっています。テイラーとハルスには、ノーベル賞も与えられました。

とはいえ、これは状況証拠にすぎないので、アインシュタインの予言を完璧に裏づけるには、重力波そのものをキャッチしなければいけません。また、重力波は宇宙から届く貴重な情報ですから、それを観測することができれば宇宙の研究は大きく前進します。

そのため現在は、重力波を直接捕まえるための実験が世界各地で進行中です。たとえばアメリカでは、私の勤務するカリフォルニア工科大学とMITが共同で「LIGO」という観測装置を作りました。日本では、神岡鉱山に「KAGRA（かぐら）」という装置を作る計画が進んでいます。これはどちらも、マイケルソン＝モーリーの実験で使用された「マイケルソン干渉計」のアイデアを採用しています。マイケルソン＝モーリーの実験では、二本の「腕」を行き来する光の干渉を見て、光速が方向によらないことを示しました。それに対してLIGOやKAGRAでは、重力波が届いたときに、空間の性質の変化によって二本の腕の長さが変わるのを、レーザー光の干渉で観測するのです。

そのほか、ヨーロッパでもイタリアの「VIRGO」やドイツの「GEO」などによる実験が行われていますが、その成否を分けるのは「精度」でしょう。重力波は非常に弱いので、きわめて高い精度で計測しなければいけません。

日本のKAGRAはその精度を上げるために、観測装置そのものを絶対温度二〇度（摂氏マ

［図20］**神岡鉱山の地下に建設される重力波望遠鏡KAGRA（完成予想図）**
©東京大学宇宙線研究所

イナス二五三度）まで冷やすことで、熱による雑音を抑えることになっています。こうした工夫によって、二本の腕の長さの比を三〇〇垓《がい》分の一程度の精度（一垓は一億×一兆）で計測しようとしているのです。これには、太陽と地球の距離を、水素原子の一〇分の一ぐらいの精度で計測するという、とんでもなく高いレベルの技術が求められます。たとえば現在のＧＰＳは、高度二万キロメートルの人工衛星から地上の距離を数センチメートルの精度で測ることができます。それだけでも相当な技術ですが、ＫＡＧＲＡにはさらにその一〇〇兆分の一の精度が要求されているのです。

　こうした実験が成功すれば、光では見えない宇宙の姿が見えるようになるでしょう。たとえば、次の章で取り上げるブラックホールの誕生時に発する重力波。三キロメートルという腕の長さは、ブラックホールを「重力波で見る」のにちょうどいいサイズなのです。

さらに将来的には、人工衛星を使って宇宙空間で重力波を観測する計画もあります。日本のDECIGO計画もその一つです。それによって見えるのは、宇宙誕生直後の姿です。これまで天文学で使われてきた電磁波で見えるのは、宇宙誕生から四〇万年後の世界です。しかし重力波はすべてを貫通し、一度発生すると減衰することはないため、宇宙誕生の《一〇億×一〇億×一〇億×一〇億》分の一秒後の姿が見えるだろうと考えられています。これが実現すれば、宇宙の成り立ちをめぐる理論も大いに進歩するに違いありません。

## あてになるカーナビ――アインシュタイン理論のテストその四

最後に、私たちの身近なところでもアインシュタイン理論が役に立っている例を紹介しておきましょう。カーナビやスマートフォンの地図にも使われているGPSです。これはアメリカ空軍が運用する三〇個ほどの衛星を使うシステムで、少なくとも四つの衛星から信号を受け取ることによって、時間と位置を正確に割り出します（空間三次元＋時間一次元の四次元時空では、縦・横・高さ・時間の四つの情報で位置が決まることは前にお話ししました）。

したがって、GPSの精度を上げるには「時計」が合っていなければいけません。そのため

GPS衛星には三万年に一秒程度しか狂わない原子時計が搭載されています。しかし、どんなに正確な時計でも、相対論効果から逃れることはできません。それを考慮に入れて時計を補正しなければ、地上とのあいだに時差が生じてしまうのです。

まず特殊相対論によれば、人工衛星は動いているので地上から見ると時間がゆっくり進みます。光速に比べれば人工衛星の飛行速度は遅いのでわずかな差ですが、人工衛星に搭載された時計は一日に七マイクロ秒、地上の時計よりも遅れるのです。

一方、一般相対論によれば重力が強いほど時間はゆっくり進みます。「円周率＝三・一四……が成り立たない世界」の節（105ページ）では、宇宙ステーションが速く回転するほど、つまり、その中での人工重力が大きいほど、時間の遅れが大きくなることを説明しました。逆に、重力が強いところから、重力の弱いところを観察すると、時間が進んで見えます。ですから、地球の表面から見ると、地球からの重力が弱い人工衛星に搭載された時計は進んで見えることになります。こちらは、一日に四六マイクロ秒。そこから特殊相対論効果で生じる人工衛星の遅れ（七マイクロ秒）を引くと、一日三九マイクロ秒だけ人工衛星の時計は進んでしまうのです。

マイクロ秒の誤差なんて大したことはないと思われるかもしれませんが、この時間差を放置するとGPSはまったく使いものになりません。距離の誤差は「時間の誤差×光速」に等しいので、たった三九マイクロ秒の誤差でも、距離の誤差は一二キロメートルにもなってしまいます。一日にこれだけ地図がズレるとしたら、誰もカーナビなど信用しないでしょう。危なくて運転できません。GPSは、特殊相対論と一般相対論を使ってこの誤差を補正し、人工衛星と地上の時計が合うように設定してあるので、実用に堪えるものになっているのです。

ですから、もしほかの天体に知的生命体がいて、地球人のようにGPSを発明したとしても、その前にアインシュタイン級の天才が現れて相対論を築いていなければ、いくら衛星を打ち上げても無用の長物になるかもしれません。使い始めてから「どうして距離がこんなにズレるんだ!」と大騒ぎになるわけです。私たちの星には、GPS発明の前にアインシュタインが生まれてくれて幸いでした。

# 第四章　ブラックホールと宇宙の始まり

## ——アインシュタイン理論の限界

## 地球も半径九ミリまで圧縮すればブラックホールに

ニュートン理論が水星の動きを正確に説明できなかったのと同じように、アインシュタイン理論にも説明のできない「極限状況」が存在します。その一つが、「ブラックホール」です。これから説明していきますが、ブラックホールは、アインシュタイン理論からその存在が予想されたにもかかわらず、その理論の行き止まりを示すことになりました。

ただしブラックホールの問題は、アインシュタイン理論が登場してから始まったわけではありません。「ブラックホール」という名前こそなかったものの、光さえも逃れられないほど重い星があることは、ニュートン理論からも予想されていました。

十八世紀の終わりにそれを指摘したのは、イギリスのジョン・ミッチェル（鉛の玉のあいだの重力を測定したキャベンディッシュの実験を考案した人でもあります）とフランスのピエール＝シモン・ラプラス（本書の後半の「ラプラスの悪魔」の話で再登場します）という二人の科学者です。質量が大きいほど、重力は強い。だとすると、ものすごく重い星があれば、そこからは光の速さでも脱出できないだろう。光が出てこないのだから、その星は暗くて見えないはずだ——というわけです。

まず、「脱出速度」について説明しておきましょう。

ある星の表面からロケットを打ち上げる場合、その速度が足りないと、星の重力に負けてしまうので「脱出」できません。重力が強いほど、より速い速度で打ち上げる必要があります。その星の重力を振り切って飛び出すために最低限必要な速度――それが「脱出速度」です。

脱出速度は、その星の質量と半径によって決まります。たとえば地球の場合、表面からの脱出速度は秒速一一キロメートル。時速にすると四万キロメートル弱ですから、大変なスピードです。しかし脱出速度は星の質量が大きいほど大きくなるので、仮に太陽から脱出しようと思ったら、その程度では済みません。表面からの脱出速度は、秒速六二〇キロメートルです。

ちなみに脱出速度は、星の質量が同じなら半径が小さいほど（つまり星の密度が高いほど）大きくなります。ですから、光速でさえ脱出できない星があるとすれば、それはきわめて密度が高いものでなければいけません。

では、それはどんな天体なのか。

アインシュタインが方程式を間違えたりしながら苦労して重力理論を完成させた直後に、その方程式を使って、ある計算をした人物がいました。ゲッチンゲン大学の天文台長を務めたこともある天体物理学者カール・シュワルツシルトです。

一九一四年に第一次世界大戦が勃発し、シュワルツシルトはドイツ軍の砲兵技術将校としてロシア戦線に従軍しました。このような悪条件にもかかわらず、一九一五年十一月に発表されたアインシュタインの論文を読み、ただちに重力の方程式を解いて、脱出速度が光速になる天体の半径を割り出しました。アインシュタインは自分の方程式がそんなに簡単に解けるとは思っていなかったので、戦場から論文を受け取って驚いたそうです。シュワルツシルトの論文は、翌年の一月にプロイセン科学アカデミーで、アインシュタインが代読しています。彼は従軍中にかかった病気のためその五カ月後に亡くなり、その半径は「シュワルツシルト半径」と名づけられました。

その半径は、天体の質量によって決まります。たとえば地球の場合、シュワルツシルト半径は九ミリメートル。地球の質量を維持したまま、サイコロ程度のサイズまで圧縮すると、光が脱出できなくなるのです。太陽のシュワルツシルト半径は、三キロメートル。常識では想像もしにくいほどの密度の高さです。

この半径は、その一〇〇年以上前にミッチェルとラプラスがニュートン理論から計算したものと、ぴったり一致していました。シュワルツシルトの解を使って導くほうが厳密ではありましたが、ブラックホールの大きさについては、ニュートン理論とアインシュタイン理論は同じ答えを与えたのです。

## 越えたら二度と戻ってこられない「事象の地平線」

さて、このシュワルツシルト半径はどんな意味を持っているのでしょうか。そんな天体があるとして、そこではどんなことが起こるのか。それを知るために、次のような思考実験をしてみましょう（図21）。

宇宙のどこかにあるブラックホールを、宇宙飛行士の私が調査しに行くとします。私の上司であるあなたは、地球を出てからブラックホールに入るまで一日に一回、必ずeメールで状況を報告するように命じました。

私はその命令どおり、毎日eメールを地球に送ります。出発してしばらくは、あなたもそれを毎日受け取るでしょう。ところが私がブラックホールに近づくにつれて、その連絡が滞るようになります。もちろん、真面目な性格の私がサボっているわけではありません。私は毎日eメールを出しているのに、それが二日に一回、一週間に一回、一カ月に一回……と間が空いていき、やがてまったく届かなくなるのです。

その理由は、ここまでの話からも察しがつくでしょう。前章の「あてになるカーナビ――アインシュタイン理論のテストその四」の節（124ページ）でも説明しましたが、一般相対論によると、重力が強いほど、外から見た時間は遅れます。強い重力を持つブラックホールに近づくほど、あなたから見た私の時間はゆっくり進む。私自身は時間がふつうに進むので、毎日eメールを送っているつもりなのですが、それがあなたには届きません。もし、あなたが望遠

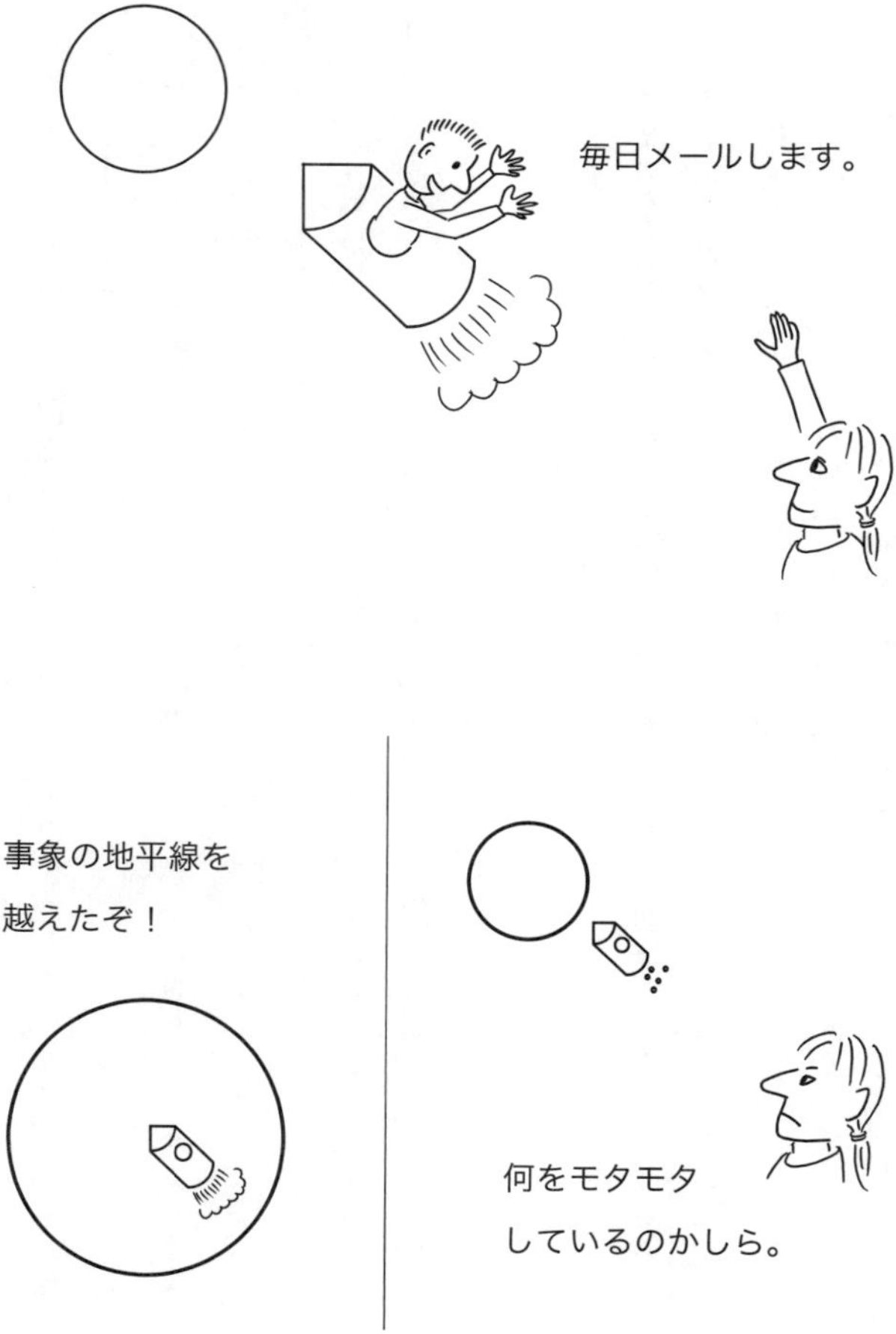


［図21］**事象の地平線を調査する思考実験**

鏡で私の姿を見ることができれば、どんどん動きが遅くなっていくので「何をモタモタしているんだ！」と怒鳴りつけたくなるでしょう。まるで黒澤明監督の映画『羅生門』のように、同じ現象が見る人によってまったく違ってしまうのです。

ともあれ、私はeメールが届いていないことも知らずに、そのままシュワルツシルト半径の内側に入りました。でも、そこはもう光が脱出できない場所ですから、あなたは望遠鏡でそれを見ることができません。見えるのは、シュワルツシルト半径の手前でほとんど動こうとしない私の姿だけです。

もちろん、シュワルツシルト半径の内側に入ると（光＝電磁波が出ていけないのですから当たり前ですが）eメールも出ていけません。あなたは私の姿も見えなければ、連絡を取ることもできない。あたかも、私が地平線の向こうに消えてしまったかのようです。

そのため、このシュワルツシルト半径によって区切られる境界線のことを「事象の地平線」と呼びます。地上の地平線なら越えても引き返すことが可能ですが、この「事象の地平線」は、いったん越えたら絶対に戻ることができません。そこから脱出するには、光速という制限速度を超えなければいけないからです。

## 超巨大ブラックホール・クェーサー

このシュワルツシルトの解は、まさに「急進保守主義」の発想によるものだと言えるでしょう。アインシュタインの方程式を最も極端な状況に当てはめたときに、そこで何が起こるのかを考えたわけです。

しかしアインシュタイン自身は、自分の方程式からこのような解が出たことを喜びはしたものの、現実にこのような天体が存在することを信じようとはしませんでした。相対論であれほど従来の常識を覆した天才物理学者にとっても、ブラックホールは荒唐無稽な存在だと思われたのでしょう。

ところが、ブラックホールは単なる机上の空論ではありませんでした。いまでは宇宙のあちこちで数多くのブラックホールが見つかっています。アメリカの天文学者の中には、研究予算が削られそうになるたびに「おお、こんなところにも巨大ブラックホールが！」と新発見をする人がいる——と、噂されるほどです。ブラックホールはそれくらいありふれた存在になっているということです。

その多くは、寿命を迎えた星が大爆発（超新星爆発）を起こした後にできるものです。その質量は、太陽の数十倍程度。たとえば、初めて見つかったブラックホール（はくちょう座X-1）の質量は太陽の一〇倍程度だと考えられています。この天体がブラックホールであることを判定するためには、小田稔をはじめとする日本のX線天文学のグループが大切な役割を果たしました。

しかし、宇宙にあるブラックホールはそういうものばかりではありません。もっとスケールの大きな「超巨大ブラックホール」も存在します。

その一つが、「クェーサー」と呼ばれる天体です。「準星」とも呼ばれ、私が小学生時代に読んだ天文学の入門書では「謎の天体」とされていました。銀河全体に匹敵するほど強い光を発しているのに、銀河のような広がりがなく、一つの星のような点にしか見えないからです。当時、すでにそういう天体が数百個も発見されていました。入門書に「あなたが大きくなったら、勉強してその謎を解明しましょう」などと書いてあるのを見て、胸をときめかせた記憶があります。

でも、幸か不幸かその謎は私が大人になる前に解決しました。まず一九六三年に、カリフォルニア工科大学の天文学者マーティン・シュミットが、クェーサーが地球から二〇億光年も離れていることを突き止めます。そんなに離れているのに地球から観測できるのですから、その明るさは半端なものではありません。なんと、銀河全体の一〇〇倍もの明るさで輝いていることがわかったのです。ふつうの星だとは思えません。

その後の研究で、クェーサーは銀河の中心にある超巨大ブラックホールであることがわかりました。光を飲み込むブラックホールが明るく輝くのは不思議ですが、それはブラックホール自体の明るさではありません。ブラックホールは強い重力で周囲のガスを吸い込んでおり、それが猛烈な勢いで周囲をグルグル回っています。そのガスが、摩擦熱によって強い光を放っているのです。ブラックホールに飲み込まれる前の悲鳴のようなものだと言えるでしょう。

現在では、多くの銀河の中心に超巨大ブラックホールがあると考えられています。私たちが暮らしている天の川銀河も例外ではありません。その中心には、太陽の四〇〇万倍もの質量を持つブラックホールがあることがこの一〇年ほどのあいだにわかりました。

ただし、それでもクェーサーと比較すると大した規模ではありません。もし天の川銀河の中心にクェーサーがあったら、その光に全体が包まれてしまい、「天の川」は見えないでしょう。クェーサーの質量は、太陽の一億倍から一〇〇億倍にも達すると考えられています。

超巨大ブラックホールは銀河の進化に重要な役割を果たしていると考えられています。それはつまり、宇宙の歴史を考える上で欠かせない存在ということです。たとえば、日本も参加して建設計画が進められている三〇メートル望遠鏡（ＴＭＴ）は、宇宙で最初に生まれた星や銀河を観測する予定です。その研究を通じて、巨大ブラックホールが誕生するプロセスも解明されることが期待されています。

［図22］口径30メートルの次世代超大型望遠鏡TMT（完成予想図）
©TMT Observatory Corporation

## アインシュタイン理論が破綻する「特異点」

アインシュタインの方程式によって予言されたブラックホールは現実に存在することがわかりました。では、なぜそのブラックホールがアインシュタイン理論の限界を露呈させてしまうのでしょうか。

それを考えるために、再び先ほどの思考実験に戻りましょう。事象の地平線を越えてブラックホールの中に入った私は、それからどうなるのか。

前章で説明したとおり、有限の大きさを持つ重力源に引っ張られたものには、潮汐力が働きます。縦には引き伸ばされ、横には押し潰される。もっとも月の重力では、地球全体に働いたときにせいぜい一〇メートル前後の潮の満ち引きが生じる程度で、人間のサイズにまで影響が及ぶことはありません。

しかしブラックホールの重力は月とは比較にならないほど強いので、私ぐらいの大きさでも十分に潮汐力を感じます。思い切り縦に引き伸ばされ、横に押し潰されますから（仮に肉体がそれに耐えられたとしても）かなり不快な思いをするでしょう。

とはいえ、（私の不快指数はともかくとして）そこまではアインシュタイン理論で説明できます。しかし最終的に私がどうなってしまうのかは、その理論ではわかりません。シュワルツシルトの解では、私が受ける潮汐力がどんどん大きくなり、有限の時間で無限大になってしまうからです。

数学の世界では、計算の中で「無限大」が出てくることが珍しくありません。しかし物理学では、無限大が出てくるとお手上げです。無限に引き伸ばされ、無限に押し潰される現象は、理論的に説明することができません。「光速」という極限状況でニュートン理論が破綻したのと同じように、潮汐力が無限大になるとアインシュタイン理論は破綻してしまうのです。

この、有限の時間で潮汐力が無限大になってしまう点のことを、時空の「特異点」と言います。そこで起きる現象を説明するには、アインシュタイン理論を超える理論を考えなければいけません。ブラックホールの研究は、宇宙の歴史を考える上で重要なだけでなく、重力理論をさらに進歩させる上でもきわめて重要なのです。

さらに言えば、「特異点」の問題はブラックホールだけで生じるわけではありません。実は宇宙の「起源」を考えたときにも、同じ問題にぶつかります。ここからは、そちらの問題を考えてみましょう。

## 宇宙の膨張を明らかにしたハッブルの発見

それは、天文学者エドウィン・ハッブルの発見から始まりました。「ハッブル宇宙望遠鏡」にその名を残していることからもわかるとおり、彼は天文学において数多くの偉大な業績をあげました。

［図23］エドウィン・ハッブル（1889–1953）

カリフォルニア工科大学にある私のオフィスからは、ウィルソン山頂の天文台が見えます。

ハッブルは、この天文台で、一九二二年から一九二三年にかけて、それまで天の川銀河の内部にあると思われていたアンドロメダ星雲が、実は外にある別の銀河であることを突き止めました。かつての「星雲」が現在は「アンドロメダ銀河」と呼ばれているのはそのためです。この発見まで、宇宙は天の川銀河がすべてだと思われていました。その外にも宇宙が広がっていることを明らかにした点で、これは実に画期的な発見です。

しかしその六年後、ハッブルはこの天文台でもっと大きな発見をしました。遠くの銀河ほど、速い速度で地球から遠ざかっていることを明らかにしたのです。その速度は距離に比例しており、これは「ハッブルの法則」と名づけられました。

ちなみにハッブルは、自分の発見した事実を発表しただけで、それが意味することについての解釈は論文の中で明らかにしていません。あくまでも、銀河が距離に比例する速さで遠ざかっていると言っただけです。

では、これは何を意味しているのか。一見すると、地球が宇宙の中心にあり、そこからほかの銀河が遠ざかっているような印象を受けます。しかし、地球が宇宙の中心にあるというのは不自然です。十六世紀にコペルニクスは、地球を、宇宙の中心から、太陽のまわりを回る惑星の一つに降格させました。いわゆる「コペルニクス的転回」です。それ以来、天文学では、宇宙には特別な場所はないという考えを基本としていて、これを「コペルニクス原理」と呼んでいます。この原理を信じると、宇宙のどの位置から見ても、同じように「ハッブルの法則」が成り立つはずです。いったいどうしたら、どこからでも、ほかの銀河は自分から遠ざかっているように見えるのでしょうか。

それは、三次元空間の宇宙を簡略化して、図24のように一次元のゴムひもだと考えればわかります。もし手元にゴムひもがあったら、そこに等間隔に点を描いてみてください。それが、

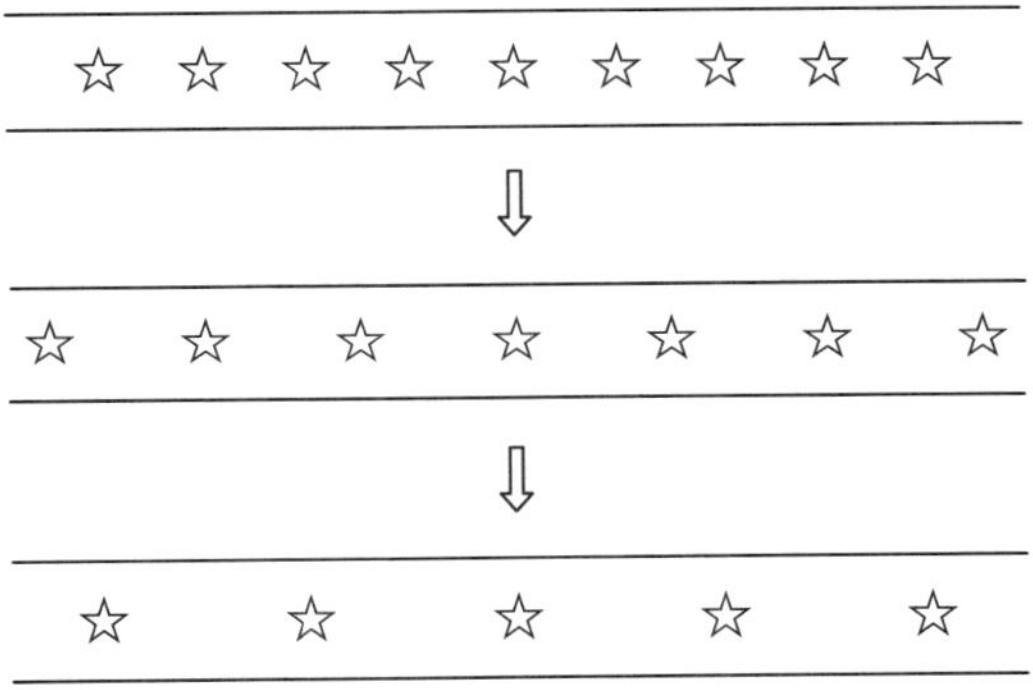

[図24]**1次元のゴムひもが一様に伸びると、離れた点ほど速く遠ざかっていく。同様に、宇宙が一様に膨張すると、遠方の銀河は距離に比例する速さで遠ざかる。**

星や銀河です。このゴムひもをまっすぐに引っ張ると、点と点の間隔が広がりますよね？　その中に、「中心」はありません。どの点から見ても、ほかの点は自分から遠ざかっています。また、たとえば隣の点との間隔を引き伸ばしたとき、「隣の隣」の点との距離はその二倍伸びることになります。「隣の隣の隣」との距離はその三倍伸びます。引き伸ばすのにかかった時間は同じですから、ハッブルの法則のとおり、距離に比例する速さで遠ざかったことになるのです。

ハッブルの発見は、三次元空間の宇宙でもこれと同じことが起きていることを意味していました。つまり、宇宙は膨張しているのです。それを明らかにしたからこそ、ハッブルの発見は天文学の歴史の中でも特筆される偉業となりました。

ところで、銀河の遠ざかる速度が距離に比例するとなると、一つおもしろいことが考えられます。距離が遠いほど速く遠ざかるのなら、あるところから先の銀河が地球から遠ざかる速度は、光速を超えてしまうでしょう。光速を宇宙の制限速度としたアインシュタイン理論に反すると思うでしょうが、あの理論は宇宙の中での移動速度に関するものですから、宇宙そのものが超光速で膨張することまでは禁じていません。

では、超光速で遠ざかっている銀河は、地球から観測できるでしょうか。答えはノーです。膨張が続いているかぎり、その光は地球に届きません。実際、最新の観測結果によると、宇宙の膨張は止まるどころか、一〇〇億年ごとに二点間の距離が倍になる勢いで加速しています。このままだと、遠くの銀河はどんどん観測不能になっていくでしょう。

そして、これはブラックホールの「事象の地平線」とよく似ています。そこから先の現象は、光が届かないので見ることができない。もし私がこの「コズミック・ホライズン（宇宙の地平線）」の向こうに調査に出かければ、あなたとは連絡が取れなくなるのです。

## 宇宙の膨張を加速させる「暗黒エネルギー」とは？

宇宙の膨張はハッブルの発見で明らかになりましたが、それ以前にも、理論的な可能性は指摘されていました。ブラックホールと同様、その根拠はこちらもアインシュタイン方程式です。ある前提条件で計算すると宇宙が膨張する解が得られることを、ロシアのアレキサンダー・フリードマンやベルギーのジョルジュ・ルメートルなどの科学者たちが発表していたのです。

実はアインシュタイン自身も、それを知っていました。自分の方程式が完成した一年後にそれを宇宙論に応用してみると、この宇宙が膨張するか、あるいは収縮していずれ潰れてしまう解しか見つかりません。しかしアインシュタインは宇宙が永遠不変だと信じて疑わなかったので、この解を受け入れられませんでした。

そこで彼は自分の方程式を変更して、新たな項——「宇宙項」——を付け加えました。この項は重力に反発力をもたらし、そのままでは収縮してしまう宇宙を支える役割をします。ただし、そのためには、宇宙項の大きさをうまく調節しておく必要があります。少しでも小さいと宇宙は途端に潰れてしまい、逆に大きいと加速度的な膨張が起きる。ぴったり調節しないと、永遠不変にならないのです。そんな宇宙項でも、宇宙の大きさが変わるよりはいいとアインシュタインは思ったのでしょう。それくらい、「永遠不変」という信念が強かったのです。

しかし現実の観測結果を突きつけられてしまうと、その信念を貫くことはできません。アインシュタインは、一九三一年の一月にウィルソン山頂の天文台を訪れ、ハッブルのデータを検分した後に、宇宙が膨張していることを認めると発表しました。

ちなみに、アインシュタインは自分の方程式に宇宙項を付け加えたことを「生涯の不覚だった」と言ったとされていますが、これは作り話かもしれません。私の勤務するカリフォルニア工科大学には、アインシュタインの論文や手紙、メモなどを整理し、アインシュタイン研究の一次資料の決定版として出版する「アインシュタイン・ペーパー・プロジェクト」があるのですが、そのディレクターに聞いたところ、「それはたぶんジョージ・ガモフの作り話だ」とのこと。アインシュタインがそう発言したことを示す記録は、ガモフの自伝以外にはないそうです（このガモフという人物のことはもう少し後にお話しします）。

この宇宙項はその後数奇な運命をたどります。

一九三一年当時には、アインシュタインが宇宙項を導入したことは早計だったと思えたことでしょう。もし、アインシュタインが方程式を変更せず、宇宙の膨張を自分の方程式の予言として発表していたら、ハッブルの観測はその検証となったはずです。

しかし、いったん方程式を変更することができるとわかると、もはや宇宙項を無視することはできません。十数年前までは、多くの研究者が、アインシュタインが最初に書いた重力方程式が正しく、宇宙項はないと信じていました。しかし、ないならないでその理由を説明する必要があります。理論物理学者は、この説明のために知恵を絞っていました。

ところが最近、宇宙項が再び注目されるようになりました。先ほど述べたとおり、宇宙が加速膨張していることがわかったからです。それを明らかにしたのが、二〇一一年にノーベル物理学賞を受賞したソール・パールマッター、ブライアン・シュミット、アダム・リースらの研究です。彼らは、六〇億光年もかなたの超新星の観測によって、その事実を突き止めました。

[図25]ウィルソン山天文台で宇宙の膨張を認めたアインシュタイン。横にいるのはハッブル。
©The Archives, California Intitute of Technology

これは、実に驚くべき事実です。それまでは、宇宙に存在する多くの物質の重力によって、宇宙の膨張速度は減速していると考えられていました。空中にボールを投げ上げると、徐々にスピードが落ちていくのと同じです。投げたボールが途中から上向きに加速することは、まず考えられません。そんなことが起こるとすれば、途中で新たに運動エネルギーが加わったときだけでしょう。

ところが宇宙では、その不思議なことが起きていました。何らかのエネルギーが加わって、膨張を加速させているのです。その正体は不明ですが、宇宙論の世界ではこれが「暗黒エネルギー」と名づけられ、暗黒物質と並ぶ大きな謎となっています。

そして、この暗黒エネルギーを説明する上で有力視されているのが、アインシュタインの宇宙項です。アインシュタインは、宇宙が膨張も収縮もしないようにその値が調節されていると考えたのですが、その値からズレると、宇宙に加速膨張をもたらす原因となり得るのです。転んでもタダでは起きないあたり、さすが天才アインシュタインと言うべきかもしれません。

## 宇宙が火の玉だった一三七億年前の「残り火」

しかしながら、宇宙が膨張しているという事実は、アインシュタイン理論にとって厳しいものでした。というのも、宇宙が未来に向かって膨張しているのであれば、過去にさかのぼるとどんどん収縮していくことになります。そして、ブラックホールの中心に行くときと同じように、潮汐力がどんどん大きくなる。それを突き詰めると、宇宙の始まりは潮汐力が無限大になる「特異点」だったことになってしまいます。ブラックホールの特異点と同様、これはアインシュタイン理論では説明することができません。いまから一三七億年以上前に、アインシュタイン理論が破綻する状態があったのではないかと考えられるのです。

一九四〇年代にその説を唱えたのが、アインシュタインの「不覚発言」を捏造した（かもしれない）ジョージ・ガモフでした。有名な「ビッグバン模型」です。

ガモフらは、昔の宇宙が超高温の「火の玉」のようなものだったと考えました。現在の宇宙には多くの物質がありますから、それを極限まで圧縮すれば超高密度状態になり、温度も上がります。宇宙はそこから始まって、現在の大きさまで膨張した——それがガモフらの主張でした。

実は、それを最初に「ビッグバン」と呼んだのはガモフらと対立する立場の科学者です。イギリスの天文学者フレッド・ホイルらは、ガモフの説に対して「定常宇宙論」を唱えていました。名前のとおり、宇宙の基本的な構造は時間によって変化しないという主張です。もちろん、ハッブルの発見がある以上、ホイルらも宇宙の膨張は否定できません。しかし、宇宙が膨張するにつれて、何らかの理由で空間内の物質量が増えるので、全体の密度は変わらず、温度も昔と現在とで同じだったと考えました。そして論敵であるガモフらの主張を嘲笑するようなニュアンスで「大爆発理論」と呼んだのです。

ガモフをはじめとするビッグバン派は、超高温だった時代の痕跡が現在の宇宙にも残っていると予想しました。第二次世界大戦直後の一九四八年のことです。ビッグバンのときの光が空間の膨張と共に宇宙全体に引き伸ばされ、それが現在の地球にも降り注いでいる。ただしこのビッグバンの「残り火」は、宇宙の膨張によって波長が引き伸ばされているので、可視光線ではありません。ガモフの協力者の計算によれば、それは赤外線よりも波長の長い「マイクロ波」になっているはずです。マイクロ波と言えば、電子レンジで使用されるもの。ガモフらが予言したマイクロ波は電子レンジよりもずっと弱いものですが、その電磁波で宇宙全体が満たされていると考えたのです。

その予言から十数年後の一九六四年、アメリカのベル電話研究所の研究員だったアルノ・ペンジアスとロバート・ウィルソン（本書の始めに登場したフェルミ国立加速器研究所の所長とは別人です）は、通信衛星からの電波を受信するために設置されていたアンテナを使って、天の川銀河からの電波の強度を測ろうとしていました。しかし、受信した信号に奇妙な雑音が混ざっています。おかしいと思った二人は、雑音を下げるためにあらゆる可能性を探りました。アンテナ設備の中にハトが巣を作っているのを見つけ、「これが原因だ！」と思ってフンを掃除しましたが、それでも雑音が入ります。

打つ手がなくなった二人は、プリンストン大学の天文学者ロバート・ディッケに「どうも、あらゆる方向から届くとしか思えないマイクロ波がある」と相談しました。電話を受けたディッケは、共同研究者に向かってこう言ったそうです。

「諸君、どうやら先を越されたようだ」

彼らはそのとき、ガモフらの予言したビッグバンの「残り火」を観測するためにアンテナを設置しようとしていたのです。しかし当のペンジアスとウィルソンは、『ニューヨーク・タイムズ』紙に掲載された記事を読むまで、自分たちが見つけたマイクロ波の意義がわかりませんでした。その後、彼らはこの偶然の発見によってノーベル賞を受賞しています。

## ビッグバン理論に強く抵抗した科学者たち

この発見で、かつて宇宙が熱い「火の玉」だったことが確認されました。しかし、あのアインシュタインでさえ「宇宙は永遠不変」と信じていたくらいですから、昔の宇宙が小さかったと言われても、にわかには信じられません。

すでにビッグバンが定説となった現在でも、これを考え始めると眠れなくなる人は多いでしょう。おそらく誰もが真っ先に抱くのは、こんな疑問だと思います。

——宇宙が小さな「火の玉」から膨張を続けているとしたら、その「外側」はどうなっているんだ？

ビッグバン＝大爆発というと、空間の一点から、爆発物が外向きに広がっていく様子をイメージするかもしれません。そうすると、爆発物がまだ届いていないところはどうなっているのか疑問になります。しかし、宇宙のビッグバンでは、空間自身が膨張するのです。空間の膨張とは「二点間の距離が広がる」ことですから、必ずしもその空間の「外側」は必要ありません。箱が外側に向かって拡張しなくても、箱の内部の縮尺が変化すれば、二点間の距離は広がったり狭まったりします。

宇宙全体の構造はまだわかっていませんが、仮にそれが「無限」の空間だとしても、そこにある二点間の距離を広げることはできます。

たとえば、あなたの目の前に左から右に無限に伸びているゴムひもがあると思ってください。無限なので両端はありませんが、それでも、ゴムが伸びれば二点間の距離は広がるし、縮めば二点間の距離は狭まります。つまり、無限の空間でも膨張や収縮はできます。いまの宇宙が無限だとしたら、ビッグバンの瞬間の「小さな火の玉」も無限だった。ただ、そこでは二点間の距離が極限まで圧縮されていた——高密度だった——と考えればいいのです。

とはいえ、「本当にビッグバンがあったのか」は科学の枠を越えた社会的な論争になりました。たとえばローマ教皇のピウス一二世は、ペンジアスとウィルソンが宇宙のマイクロ波を発見する一三年も前の、一九五一年の時点で、ビッグバン理論は「現代自然科学による神の存在の証明である」と宣言しています。ダーウィンの進化論も認めた人物ですから、歴代ローマ教皇の中でも先進的なタイプだったのでしょう。証拠が見つかる前に認めたのはやや勇み足でしたが、ビッグバンに旧約聖書の創世記と似たものを感じたのかもしれません。

それに対して、ビッグバン理論に強く抵抗したのは当時のソビエト連邦でした。ローマ教皇が認めたことへの反発もあったでしょう。社会主義国家としては、マルクス＝レーニン主義の弁証法的唯物論（物質は無からは生じない）と矛盾する説を受け入れるわけにはいきません。驚くべきことに、ビッグバン理論を支持した天体物理学者が強制収容所に送られたりもしました。こういう話を聞くと、抽象的な考え方に対する人間の情熱には（良くも悪くも）すさまじいものがあると思わざるを得ません。

そんな政治的背景があったせいかどうかわかりませんが、ソ連では初期宇宙に「特異点」があったことを否定する学説が登場しました。エフゲニー・リフシッツとイサーク・ハラトニコフという二人の物理学者が、机上の理論と現実の宇宙は違うだろうという説を唱えたのです。

彼らは、アインシュタイン方程式から宇宙膨張を予想したフリードマンやルメートルの理論で初期宇宙に特異点が生じるように見えるのは、宇宙が「一様」かつ「等方」な空間であるという仮定で計算をしたからだと考えました。

しかし、現実の宇宙空間が、どこを取っても均質（一様）で、どの方向を見ても同じに見える（等方）と考えるのは不自然です。質量が集まった星や銀河もあれば、ほとんど物質の存在しない領域もあるのですから、完全に一様・等方ということはあり得ません。

とはいえ、アインシュタイン方程式から、あらゆる物質分布に当てはまる一般的な解を厳密に導くのは困難です。しかし彼らは近似値計算を行い、初期宇宙に特異点が生じるのは、特別な仮定に基づいた特殊解にすぎないと主張しました。物質の分布にバラつきのある「一様ではない宇宙」が収縮した場合、その方向にズレが生じて全体が一点に集約されないため、特異点を避けられると考えたのです。

リフシッツとハラトニコフが、強制収容所送りを避けるためにこの説を唱えたとは考えられません。彼らは立派な物理学者で、私も学生の頃、リフシッツの書いた教科書シリーズで勉強しました。しかし、彼らの主張がソ連政府の意向に沿っていたことはたしかです。

さらに彼らは、同じような理由でブラックホールに特異点が存在することにも異議を唱えました。アインシュタイン方程式からシュワルツシルトが導き出した解は、完全に球対称の物体を仮定した結果なので、やはり特殊な答えにすぎないというのです。宇宙が一様ではないように、星も完全な球体ではありません。はくちょう座X-1のようなブラックホールは、年老いた恒星が自らの重力に耐え切れずに潰れてしまう「重力崩壊」によってできます。リフシッツとハラトニコフは、不規則な形の星が重力崩壊を起こした場合は特異点が避けられ、したがって潮汐力は無限大にならないのではないか。だからアインシュタイン理論は破綻しない、と主張したのです。

## アインシュタイン理論の破綻を証明し、ホーキングがデビュー

リフシッツとハラトニコフの反論は、直感的にも受け入れやすいものでしょう。たしかに理

論と現実のあいだにはギャップがありますから、ランダムにできあがっている自然界では、いかにも数学的な印象のする特異点は生じないような気もしてきます。だとすれば、ブラックホールもビッグバンもアインシュタイン理論で説明できるので、それを乗り越える理論を考える必要もありません。

しかしこの反論には、新たな反論が出てきました。最初に登場したのは、イギリスの天才的な数理物理学者ロジャー・ペンローズです。彼はトポロジーという現代数学の分野における最新の手法を導入して、アインシュタイン方程式に取り組みました。

［図26］ロジャー・ペンローズ（1931-）

もともとアインシュタイン方程式は解くのが難しく、その厳密解は数えるほどしか知られていません。たとえば観測に必要な重力波の予想などは、紙と鉛筆では計算できないので、スーパー・コンピュータを使ったシミュレーションも行われています。しかしペンローズは、そんなアインシュタインの方程式を直接解かなくても、解の一般的な性質がわかる方法を編み出しました。

その具体的なプロセスは高度な数学の話になるので、割愛します。結論だけ言えば、どんなに形の不規則な星でも、ブラックホールになれば特異点は避けられません。もともとの形とは関係なく、質量があるところより小さい領域に集中すると、重力崩壊は後戻りすることがない。そのため有限の時間で特異点が生じることが、一般的に証明されました。

では、初期宇宙のほうはどうか。

ここで、誰もがその名をご存じであろう人物がペンローズに合流します。スティーブン・ホーキングです。車椅子の物理学者として、あるいは『ホーキング、宇宙を語る』をはじめとする数々のベストセラーの著者として、あまりにも有名な科学者です。

［図27］スティーブン・ホーキング（1942–）

ペンローズの理論が発表された当時、ホーキングはまだ大学院生で、難病の筋萎縮性側索硬化症（ＡＬＳ）を発症したばかりでした。最近の講演会では、健康な頃は真面目に勉強しなかったものの、病を得てからは「短命かもしれないと知り、生きることには価値があって、自分には成し遂げたいことがたくさんあることを悟った」と語っています。

そんなときに出会ったのが、ペンローズの理論でした。結婚もして、研究者として一旗揚げなければいけない状況になったホーキングは、その手法が初期宇宙の問題にも応用できるのではないかと考えます。

それから数年後、ペンローズとホーキングは共著の論文を発表しました。それによると、観測されている物質量とハッブル法則を前提に、アインシュタイン方程式を使って宇宙の過去にさかのぼると、初期宇宙には必ず特異点が生じます。リフシッツとハラトニコフの近似値計算は（近似値なので当然その余地はあったのですが）正確なものではありませんでした。フリードマンらのように宇宙が一様・等方だという特殊な仮定をしなくても、一般的に特異点は避けられない。アインシュタイン理論は、必ず破綻してしまうのです。

これが、いわばホーキングの「デビュー戦」でした。アインシュタイン理論が完全ではないことを論理的に証明するところから、彼のキャリアは始まったと言っていいでしょう。当然、次はアインシュタインを乗り越えなければいけません。宇宙の始まりやブラックホールを理解するには、アインシュタインを超える重力理論が必要であることが、ここで明らかになったのです。

# 第五章 猫は生きているのか死んでいるのか

## ——量子力学の世界

## 「光の正体は波」で決着したはずが……

ここまで本書では、アインシュタインの相対論を中心に、重力理論の変遷を見てきました。ニュートン力学とマクスウェルの電磁気学の矛盾を特殊相対論で解決し、ニュートン理論では説明不能だった重力現象を一般相対論で乗り越えたのが、アインシュタインです。しかしそのアインシュタイン理論も、ブラックホールや初期宇宙の特異点といった極限状況には通用しない。そのため現在では、アインシュタイン理論を乗り越える新たな重力理論が提案されています。

本書の後半ではその新理論が大きなテーマとなるのですが、それを説明する前に、もう一つ別の理論について知っておく必要があります。その理論は、相対論と並ぶもう一本の大黒柱として、二十世紀以降の現代物理学を支えてきました。

それは、「量子力学」です。簡単に言えば、マクロの世界を扱うのが相対論であるのに対して、量子力学はミクロの世界を扱う物理学です。宇宙の始まりでは空間が極限まで押し潰されているので、重力だけでなく、ミクロな世界の理論も同時に必要になります。宇宙の始まりの謎を解くには、アインシュタイン理論の限界を乗り越え、相対論と量子力学の二つの理論を統合しなければいけない。その先に、自然界のすべての現象の基礎となる究極の統一理論があると期待されているのです。

では、さっそく量子力学の世界をのぞいてみましょう。相対論と同様、こちらもまずは「光」をめぐる謎から始めたいと思います。

私たちの日常にはありふれた存在である光ですが、その正体は長いあいだ不明でした。光を目でキャッチすることでものが見えることはわかるものの、それが「粒」なのか「波」なのかがわからず、昔から議論されていたのです。

たとえばニュートンは、光が微小な「粒」でできていると考えました。しかしニュートンと同時代に活躍したオランダの物理学者ホイヘンスらは、光は「波」であると主張しており、その後は数世紀にわたって「波派」のほうが優勢でした。

そして十九世紀の初めに、この議論に決着をつける実験が行われました。イギリスの物理学者トマス・ヤングによる「二重スリット実験」です（図28）。

ヤングは、一つの光源から出た光を二つのスリットに通し、向こう側の感光紙にどのように映るかを観察しました。もし光が「粒」であるなら、光源とスリットを直線で結んだ延長線上の二カ所だけが感光するはずです。

ところが実験をしてみると、感光紙には幅の広い「干渉縞」ができました。これは、「波」に特有の現象です。たとえば水面の二カ所で波がぶつかると干渉が起こります。高いところ同

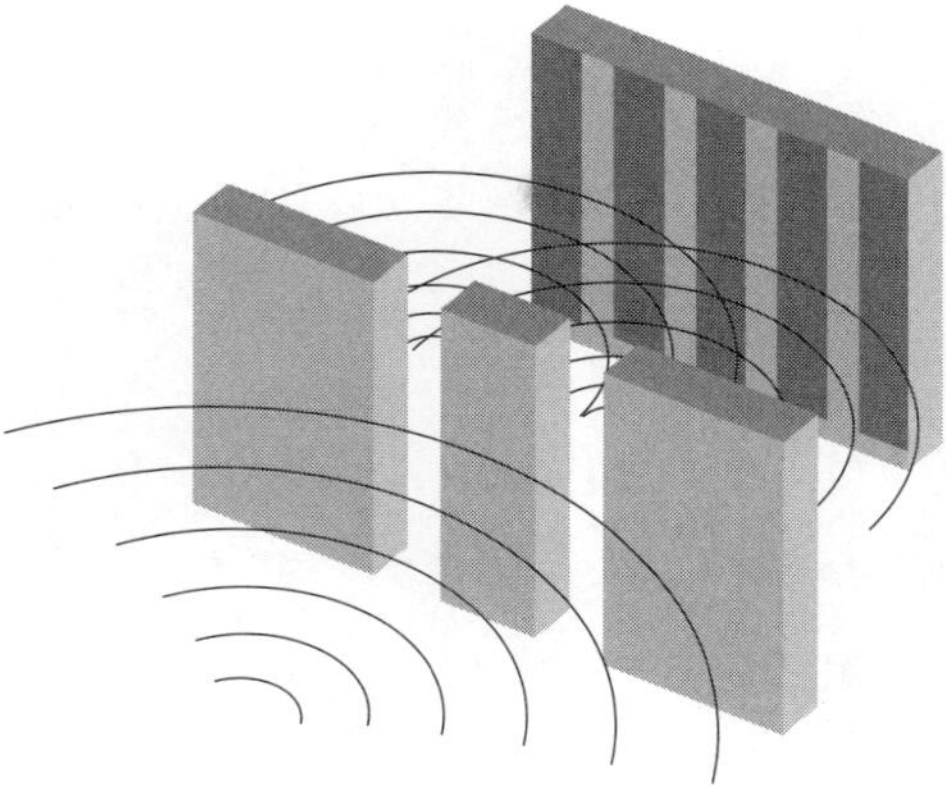

［図28］光が波である証拠となったヤングの実験

士が出会うと増幅され、低いところは打ち消し合う。それによって、縞模様ができるのです。第二章でお話しした「マイケルソン＝モーリーの実験」でも、光の干渉効果が大切でした。

この実験は光が「波」であることを決定づけました。さらにその数十年後には、マクスウェルの電磁気理論によって、光が「電磁波」の一種であることがわかります。二十世紀を迎える前に、光の正体は完全に解き明かされた……かのように思われました。

## 「光は波」では説明できない光電効果という現象

ところが二十世紀に入るやいなや、その結論をひっくり返す人物が現れました。またしても、アインシュタインの登場です。第三章でも少し触れたように、「奇跡の年」と呼ばれる一九〇五年に発表した論文の中で、彼は光に「粒」の性質があることを明らかにしました。それが「光量子仮説」です。

これは、当時物理学者たちを悩ませていた難題を説明する論文でした。その難題とは、図29のように「金属に光を当てると電子が飛び出す様子」の説明です。「光電効果」と呼ばれるこの現象を実験で最初に発見したのは、電磁波の伝播を検証したヘルツでした。

金属には電気が通りますが、これは中に電子がたくさんあるからです。「電気が通る」とは、電子が行ったり来たりすることです。その金属内の電子が、光を当てると弾き飛ばされるように外に出る。しかし、フィリップ・レーナルトがこの現象をよく調べてみると、光が「波」だとするマクスウェル理論では説明できないことが起きていました。

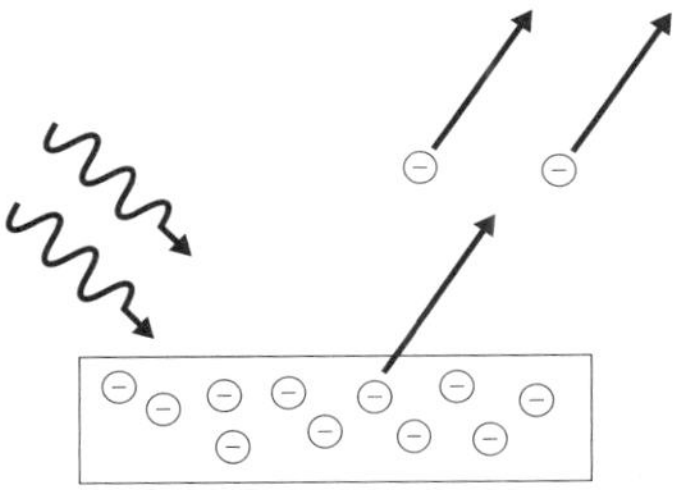
[図29] 金属に光を当てると電子が飛び出す光電効果

では、なぜ光が波だとすると光電効果が説明できないのでしょう。

まず、波には「波長」と「強さ」という性質があります。たとえば可視光線の色は波長で決まりますが、同じ色でも「強い赤」もあれば「弱い赤」もある。波長が同じなら、強い光のほうがエネルギーが高いのです。

ところで、金属の中の電子が簡単に外にこぼれ出ないのは、金属の中の原子核の正の電荷に引きつけられているからです。その引力に打ち勝つだけのエネルギーを与えないと、電子は飛び出せません。それなら、強い光を当てれば、電子が飛び出してきそうなものです。ところがレーナルトの実験では、そうはなりませんでした。波長が長い光を使うと、いくら光を強くしても電子は飛び出しません。逆に、どんなに弱い光でも、波長が短ければ、数は少ないものの、ときどきは電子が飛び出してきます。このときに、波長をそのままにして、光の強さを変えても、一つひとつの電子のエネルギーはまったく同じままでした。飛び出してくる電子の数が増減するだけです。

こうした実験結果を見ると、一つひとつの電子が受けるエネルギーは、光の強さではなく波長だけで決まっているとしか考えられません。いったいどうなっているのでしょうか。

## 「光は粒」と考えた、アインシュタインの「光量子仮説」

それでは、アインシュタインはこれをどう説明したのでしょうか。ここでは、次のようなたとえ話で解説してみます。

電子は金属の中に閉じ込められています。そこで、実験で使った金属を留置場、その中にある電子を容疑者だと思ってください。容疑者が留置場から出るには、一〇〇円の保釈金が必要です。ただし容疑者は、お金を貯めておくことができません。外からお金をもらったら、すぐに渡さなければ保釈が認められない。ですから、一〇〇円玉が一枚あればすぐに保釈されますが、一円玉を一〇〇枚貯めても保釈はされません。この保釈金が、電子が金属から飛び出すために必要なエネルギーです。

この留置場に、誰かがお金を投げ入れたとしましょう。一円玉を投げ入れても、もちろん誰も保釈されません。一円玉を大量に投げ入れても同じです。二つめの一円玉を拾った時点で最初に拾った一円玉を「貯めた」ことになるので、一〇〇枚拾っても保釈は許されません。

しかし一〇〇円玉をたくさん投げ入れれば、その数だけ容疑者は保釈されます。ただしすべて保釈金として使ってしまうので、留置場から家までは歩いて帰らなければいけません。それだけ時間がかかる（出ていくスピードが遅い）わけです。

では、投げ入れたのが五〇〇円玉だったらどうでしょう。それを拾った人は、保釈金を払っても四〇〇円残るので、バスに乗って帰ることができます。一〇〇〇円札を投げ入れれば、九〇〇円残るのでタクシーで帰ることができる。

そこでアインシュタインは考えました。お金に一円玉、一〇円玉、一〇〇円玉、五〇〇円玉……と単位があるように、光にも単位がある。光が粒からできていて、一粒一粒のエネルギーが、その波長に反比例しているとしましょう。波長が短ければ光の粒のエネルギーが高く、その粒に当たった電子は飛び出せます。逆に波長が長くエネルギーが低い粒をどれだけたくさん当てても、電子は出てこないはずです。

一方、波長をそのままにして、光の強さを変えると、光の粒の数は変わりますが、一粒一粒のエネルギーは同じ。そうすると、飛び出してくる電子一つひとつのエネルギーも同じで、その数が増減するだけだというレーナルトの実験が説明できます。これが、アインシュタインの「光量子仮説」でした。この光の粒のことを「光子」と呼びます。

## 放射線障害のメカニズムも「光は粒」で説明できる

実はアインシュタインがこの論文を発表する五年前にも、別な理由から、光がミクロな粒からできていると考えた科学者はいました。ドイツの物理学者マックス・プランクが、溶鉱炉で熱した鉄の発する色を説明するために、光のエネルギーが連続的に変化せず、「とびとびの値」になると予想していたのです。アインシュタインの光量子仮説は、圧倒的な説得力でプランクの説を裏づけるものでした。この功績によって、プランクは一九一八年、アインシュタインは一九二一年にノーベル賞を受賞しています。

光は粒である——この驚くべき発見から、量子力学は始まりました。「量子」とは、「ミクロ

のです。

的に変化しているように見えるそのエネルギーが、ミクロの視点では「とびとびの値」になるの粒々」のことだと思えばいいでしょう。光は粒々でできているから、マクロの視点では連続

これから量子力学の不思議な世界を説明しますが、その効果は私たちの日常生活とも無縁ではありません。たとえば、夏になると紫外線対策が気になる人も多いでしょう。紫外線は日焼けの原因になるからです。しかし「赤外線対策」というのは聞いたことがありません。赤外線をいくら浴びても日焼けはしないので当然でしょう。

なぜ紫外線が日焼けの原因になるかと言えば、波長が短い（つまりエネルギーが高い）からです。人間の皮膚に含まれているメラニンは、ある長さより短い波長に反応して黒くなる。赤外線の波長はその閾値《しきいち》よりも長い（エネルギーが低い）ので、いくら浴びてもメラニンは反応しません。しかし紫外線は閾値を超えたエネルギーを持っているので、浴びれば浴びるほど日焼けを起こすのです。

したがって、紫外線よりも波長の短い電磁波を浴びれば、人体の受けるダメージは日焼け程度では済みません。レントゲンをたくさん撮りすぎるとガンのリスクが高まると言われるのも、そのためです。レントゲンに使うX線は紫外線よりも波長が短いので、その強いエネルギーでDNAの分子結合を断ち切ってしまう可能性がある。逆に言うと、可視光線をいくら浴びても

ガンにならないのは、エネルギーが低いからなのです。光の粒々を体で受け止めている点では、可視光線もX線も変わりはありません。

X線よりもさらに波長が短いのが、放射性物質から出るガンマ線です。X線はDNAの結合エネルギーの一万倍のエネルギーを持っていますが、ガンマ線のエネルギーはそれよりも一桁多い。そのため、DNAを傷つける可能性もX線より高くなります。

福島の原発事故以降、日本国内では放射線障害への関心が高まりました。そもそも原子力発電は「$E=mc^2$」という特殊相対論の発見があってこその技術ですが、放射線障害のメカニズムにも「光は粒である」というアインシュタインの発見が関係しているのです。

## すべての粒子は「粒」であり「波」でもある

ここまでの説明を、頭の中にモヤモヤを抱えながら読んでいた人も多いと思います。十九世紀のヤングの実験で、光の正体は「波」だと決定したはずでした。ところがプランクやアインシュタインは、そこに「粒」の性質を見出した。しかも、その粒に「波長」があると言います。いったいどっちなのか、はっきりしてほしいと感じるのも無理はありません。

しかし世の中には、どちらとも決められないものもあります。たとえば「ルビンの壺」という絵をご存じでしょうか。図30をご覧ください。「これは壺の絵だ」と言われてから見れば、この絵は壺を描いたように見えます。でもじっと眺めているうちに、黒い背景だと思っていた両側の部分が人の横顔に見えてくる。白と黒の部分のどちらを下地だと考えるかによって、この絵は壺にも横顔にもなります。つまりどちらも描いてあるわけで、こういう二つの面を持っていることを「双対性」と言います。

光も、これと同じだと考えればいいでしょう。一枚の絵が壺と横顔の性質を併せ持っているのと同じように、光も「波」と「粒」の性質を併せ持っている。ですから、二つのスリットを通った光が干渉縞を作ったというヤングの実験が間違っていたわけではありません。たしかに、光には波の性質もあるのです。

ただしこの実験でも、光が持つ「粒」の性質を見ることはできます。二つのスリットに向かって極端に弱い光を当てると(「弱い」とは光子の密度が低いことを意味するので)、光の粒が一個ずつしか飛びません。そのため波らしい広がりがなく、感光板にポツン、ポツンと点を打つように痕跡を残すのです。

もっとも、その飛び方は、早い段階で「光は粒だ」と

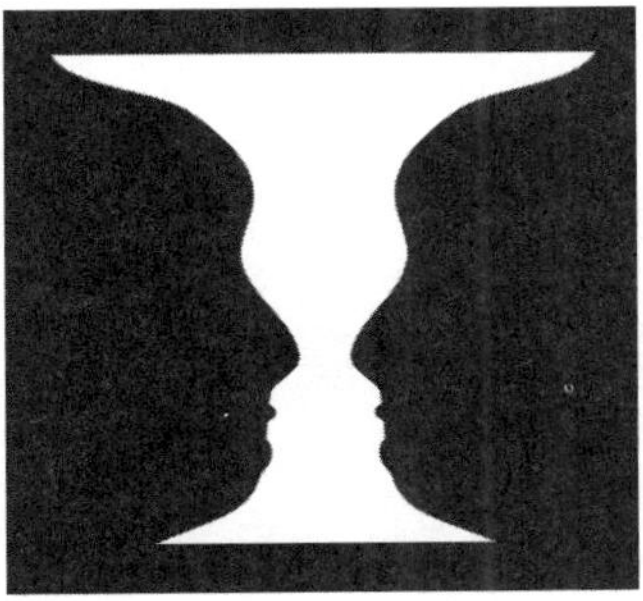

[図30]**ルビンの壺**
©Wikimedia Commons

考えていたニュートンの理論を裏切ります。ニュートン力学では光が直進するので、光源とスリットを結ぶ直線の延長線上だけが感光するはずです。ところがスリットを通った弱い光は、それ以外の場所にも着地します。もちろん、そこに質量の大きなものがあるわけではないので、重力で曲がるわけではありません（もし重力で曲がっているとしたら、あちこちには散らばらず、どこか一点に集まるでしょう）。

しかしこの現象も、回数を重ねると「なるほど」という結果になります。最初はランダムな方向に光子が飛んでいるように見えますが、長時間にわたってデータを集めると、最終的には光の痕跡が感光板の上に干渉縞を描く。「粒」の性質を見せていた光が、そこで「波」としての性質を見せるわけです。

こうした不思議な現象は、光だけに起こるのではありません。実は電子を同じように二重スリットに通す実験をしても、同じような結果になります。つまり電子にも、「粒」と「波」の双対性がある。光は「波だと思っていたら粒でもあった」のに対して、電子は「誰もが粒だと思っていたのに波の性質もあった」わけです。図31の写真は日立製作所の外村《とのむら》彰のグループによるものです。電子が一個ずつしか飛んでいかないような極度に弱い電子線を使って撮影されたもので、一つひとつの電子が降り積もっていくと、それらが集まって干渉縞ができるのです。この実験は、イギリスの科学誌『フィジックス・ワールド』が二〇〇二年に行った読者投票で、

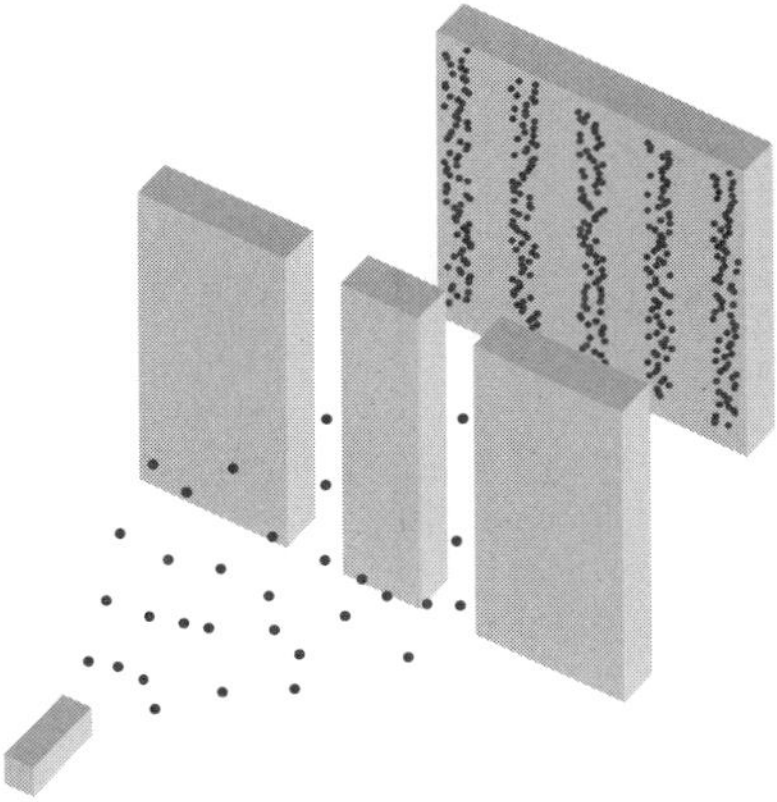

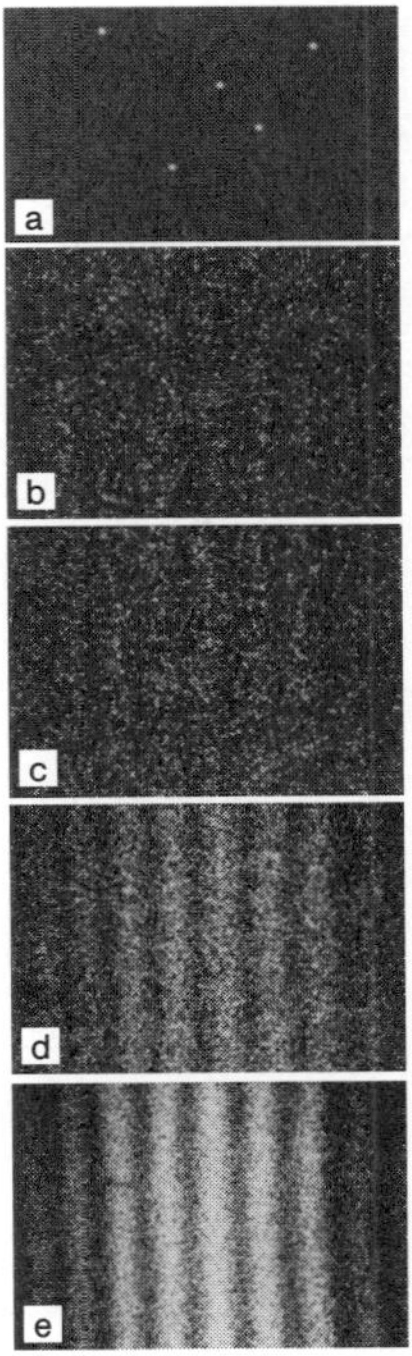


［図31］**科学史上最も美しい実験**
ⓒ株式会社日立製作所 外村彰

「科学史上最も美しい実験」の第一位に選ばれています（ちなみに第二位は、実際には行われなかったかもしれないガリレオのピサの斜塔の実験。エラトステネスによる地球の円周の測定は第七位でした）。しかも、これは電子にかぎらず、あらゆる素粒子に当てはまります。私たちの体を作っている素粒子も、「粒」であると同時に「波」なのです。

## 常識ではとても受け入れがたい量子力学の世界

このように、ミクロの世界で

は私たちの常識では説明できない奇妙な現象が起きています。それを説明するのが、一九二〇年代に確立された量子力学です。相対論はアインシュタインがほぼ一人で築き上げましたが、こちらは多くの優秀な研究者が知恵を出し合って作り上げました。コペンハーゲンのニールス・ボーア研究所に集まったハイゼンベルク、パウリ、ディラック……などなど世界中の俊才たちが、この分野で大きな業績を残しています。日本の近代物理学の基礎を作った仁科芳雄も、この時期にボーア研究所に滞在していました。

量子力学は、ある意味で、アインシュタインの相対論よりも革命的だったと言えるでしょう。というのも、アインシュタインの理論は「時間と空間が変化する」という点でニュートン理論を乗り越えているものの、その方程式を作る上での考え方は、ニュートン以来の古典力学に属しています。ニュートン理論もアインシュタイン理論も、方程式によって物理的な変化を記述できる（つまり計算すれば次に何が起きるかを予測できる）と考える点で少しも変わりません。

ところが量子力学では、この物理学の常識が覆ります。ミクロの世界では、粒子の運動が決まった軌跡をたどるわけではありません。したがって、方程式を使って計算しても、光子や電子の行き先は予測不能です。先ほどの実験で、ある一つの光子が「二つのスリットのどちらを通ったのか」という簡単な質問にさえ、答えられないのです。

これほど私たちの直感に反する考え方はないでしょう。私たちの常識は古典力学で培われていますから、たとえば大砲を撃ったときの着弾点が計算で求められるのと同じように、光子や電子の質量と速度がわかれば、その行き先も予測できるだろうと思います。それを「わからない」とする量子力学には、簡単には納得できません。量子力学の著名な研究者の中には、「量子力学がわかっているなんていう奴に会ったら、そいつは嘘をついている」というジョークを口にした人もいるほどです。

しかし、それを理解しなければ最新の重力理論もわかりません。そこで、そのジョークを口にした科学者の考え方に沿って量子力学を説明してみましょう。

［図32］リチャード・ファインマン
（1918–1988）

その科学者とは、独自の手法で量子力学の発展に大きく寄与したアメリカの物理学者、リチャード・ファインマンです。一九六五年には、朝永振一郎、ジュリアン・シュウィンガーの二人とノーベル賞を共同受賞しました。ファインマン流の考え方はコペンハーゲン流とは一見異なりますが、数学的には同等です。しかし、こちらのほうが、のちほど取り上げる重力理論を理解する上で役立つはずです。

## 「あったかもしれないことは、全部あった」と考える!?

先ほども話したとおり、ニュートン以来の古典力学では、物体の動きは運動方程式ですべて決められるとされていました。しかしファインマンは、運動方程式にとらわれずに、可能性のある動きをすべて考えます。いったい、どういうことでしょうか。

たとえば二重スリットに電子を撃ち込む場合、ふつうは「二つの可能性」があると考えます。発射地点からまっすぐ左のスリットに向かうコースと、まっすぐ右のスリットに向かうコースです。しかしファインマン流では、その両方のみを考えるのではありません。もっと大胆に、「すべての可能性」を考えろというのです。

もう少し具体的に説明しましょう。ファインマンは、電子がスリットに向かってまっすぐに進まないケースも考えろと言っています。たとえばグニャグニャと蛇行しながらスリットに入る電子があってもいいし、右と左のスリットを何度も出たり入ったりしてもいい。いったんスリットとは逆方向に進んでから戻ってくる電子があってもいい。それどころか、地球の裏側のブラジル経由でスリットに入る電子、地球を離れて月の裏側を回ってからスリットに入る電子、海王星まで行って帰って来る電子……などなど、電子が通るルートには無限の可能性があります。

それをすべて考えた上で、それぞれの「効果」を足し合わせる。この場合の「効果」とは、電子の観測に与える影響力のようなものです。あるルートをたどる可能性が高いか低いかというニュアンスだと思ってもかまいません。すべてのルートの効果を足すことで、最終的に電子がどのように観測されるのかが計算できるというのが、ファインマンの考え方です。

これは決して、ニュートン力学を根本的に否定するものではありません。それはちょうど、特殊相対論の「光速一定の原理」が、ニュートンの「速度の合成則」を完全に否定するものではなかったのと同じようなことだと言えるでしょう。速度の単純な「足し算」は、光速に近づくと成り立たないものの、光速より十分に遅い日常的な速度に関しては近似として通用しました。厳密に言えば誤差が生じますが、それは無視できる範囲のズレにすぎません。

ファインマン流の計算も、効果の小さいルートは現実の実験や観測に与える「効き目」が少ないので無視できます。たとえば大砲を撃った場合、その弾道には無限の可能性がありますが、ニュートン力学で計算されるルートの効果が圧倒的に高い。ブラジルや月や海王星に寄り道するような行き方はその効き目を無視できるので、ニュートン力学で算出される結果が（あくまでも近似値ではありますが）正しいのです。

しかしミクロの世界では、ニュートン力学の予測と異なるルートを無視するわけにはいきません。それなりに大きな効果を持つルートがたくさんあるので、一つに絞り込むことはできなくなります。

事実、電子を二重スリットに向かって一個ずつ発射する実験では、一見ランダムに「着弾」しました。しかし最終的には、それが干渉縞を描きます。これは、さまざまなルートの効果が足し合わされた結果です。次に発射される電子がどのルートを取るかは、確率でしか予測することはできません。

このファインマンの計算方法は、考えられるルートをすべて足すことから「経路和」と呼ばれています。すぐには馴染めない話かもしれませんが、そこでは「あったかもしれないことは、全部あった」と考える。たとえば、きのう私が家から職場まで通ったルートには無限の可能性がありましたが、その中には「途中で車に轢《ひ》かれて死んだ」という可能性も含まれています。現実には生きて職場にたどり着いた可能性が圧倒的に高く、事故に遭うルートはほとんど効果がなかったわけですが、その効き目はゼロではありません。職場に着いたときの私は、「ほんのわずかだけ死んでいた」と言ってもいいし、「死なない程度に死んでいた」と言ってもいいでしょう。いずれにしろ、それは無視できる程度の効果しかなかったということです。

## 「生きた猫」と「死んだ猫」が一対一で重なり合う!?

経路和を計算するファインマンの手法は、コペンハーゲンの面々が築いた量子力学とは異なるアプローチによるものでしたが、その結果はまったく同じでした。要するに、粒子の運動は確率的にしか予測できず、実際に観測するまで定まらないのです。

哲学の世界では、たとえば夜空の月に背を向けて立っているとき、「自分の後ろに月は本当に存在するのか」といった問題が論じられることがあります。それを哲学者がどう考えるのかは知りませんが、物理学者なら「もしそれが量子力学的な月であれば、見るまでどこにあるかわからない」と答えるでしょう。ミクロの粒々を扱う量子力学の世界では、観測するまで粒子の位置は決められないのです。

ここで、「シュレディンガーの猫」と呼ばれる有名な思考実験を紹介しておきましょう。これを考えたエルヴィン・シュレディンガーは、「波動方程式」を発見して量子力学の発展に寄与したオーストリアの理論物理学者です。

この思考実験では、まず蓋のある箱に猫を一匹入れます。さらに、放射性物質、ガイガーカウンター、青酸ガス発生装置を入れて蓋を閉じる。放射性物質がガンマ線を放出するとガイガーカウンターが反応し、それに連動して青酸ガスが発生する仕掛けです。したがって、ガンマ線が出れば猫は死に、出なければ猫は生き残るでしょう。さて、一定の時間が経過したとき、蓋を閉めたままの箱の中で、猫は生きているか死んでいるか――という問題です。

放射性物質からその時間内にガンマ線が出るかどうかは、量子力学的なプロセスにしたがうので、さっきの電子の経路の話のように、確実には予測できません。それがわかるのは、蓋を開けて猫の生死を「観測」したときです。一定の時間内にガンマ線が出る確率が五〇パーセントだとすると、猫が生きている確率も五〇パーセント。したがって箱の蓋を開けて観測するまでは、生きているとも死んでいるとも言うことができず、生と死が一対一の割合で「重なり合っている」と解釈せざるを得ないのです。

これをファインマンの経路和に当てはめれば、電子が直進してスリットを通り抜ける状態と、月や海王星を経由してスリットを通り抜ける状態が「重なり合っている」ということになります。電子が月や海王星を経由する効果はきわめて小さいので、無視できる。しかしシュレディンガーの思考実験では、生と死が一対一ですから、どちらも無視できません。

相反する状態が「重なり合っている」というのですから、一般的な常識では受け入れがたい話でしょう。蓋を開けなくても、猫は生きているか死んでいるかのどちらかです。でも箱の内部が一つの量子状態だとすると、そう考えるしかありません。

さらに厄介なのは、もっと大きな箱があって、箱を開ける観測者自身がその中にいるとした場合です。仮に、私が猫の入った箱を開け、あなたは私の入っている大きな箱の外にいるとしましょう。私が蓋を開けて猫の生死を観測したとき、あなたは私が生きた猫と死んだ猫のどちらを観測したのか予言することはできません。大きな箱の蓋を開けるまで、「生きた猫を見た私」と「死んだ猫を見た私」が一対一で重なり合っているのです。

お察しのとおり、この思考実験にはキリがありません。あなたもひと回り大きな箱の中にいるとすれば、外にいる観測者にとっては「生きた猫を見た私を見たあなた」と「死んだ猫を見た私を見たあなた」が重なり合っている。その観測者も箱の中にいれば……と考えていくと、どこまで後退しても観測が終わりません。猫の生死は、永遠に決着がつかなくなってしまうのです。

これは量子力学の「観測問題」と呼ばれており、哲学の分野にも少なからぬ影響を与えました。物理学の分野でも、たとえば初期宇宙の問題を考える際には、これが現実的な問題となります。初期宇宙は極限まで収縮したミクロの世界なので、全体に量子力学を当てはめなければいけません。すると、「それを観測する存在とは何なのか？」という問題に直面することになるのです。

## 位置を決めると速度が測れない!?——不確定性原理

ファインマンの経路和にしろ、シュレディンガーの思考実験にしろ、量子力学ではさまざまなことが「はっきり決まらない」ということがおわかりいただけたでしょう。そこが、マクロの世界を扱う古典力学との大きな違いです。可能な経路をすべて足して計算されるような粒子を「量子力学的粒子」と呼びますが、なにしろこれは動きがはっきりしないので、ニュートン力学ではあり得ないことがいろいろと起きます。

その極端な例が、「不確定性原理」と呼ばれるものです。この原理によると、粒子の「速度」と「位置」を同時に定めることはできません。速度が正確に決まっている粒子の位置は「不確定」であり、逆に位置を決めようとすると速度がわからなくなります。「時間」と「エネルギー」にも同じことが言えます。ニュートン力学では、粒子には決まった位置と速度がありますが、量子力学的粒子にはそれが成り立ちません。いったいなぜ、そんなことになってしまうのでしょう。

この原理は、粒子が「粒」と「波」の性質を併せ持っていることから理解できます。光電効果のところ（160ページ）で説明したとおり、粒子が持つエネルギーは波長が短いほど高く、長いほど低い。そして、粒子の速さはエネルギーの大きさで決まります。したがって、粒子の波長がわかればエネルギーの大きさがわかり、それによって速さもわかる。速さを計測するには、波長の長さを調べる必要があるのです。

しかし、波長は波の動きをある程度の長さにわたって見ないと測れません。波長は波がくり返す長さのことなので、それを観測するには最低一度はくり返しが起きるだけの距離が必要です。波の一点だけを見ても、それがどんな長さでくり返すのかはわかりません。つまり、速さを知るために波長を正確に測ろうとすると、どうしても「位置」に幅ができてしまい、粒子がどこにあるのかを正確に決めることができないのです。

逆に、「位置」を正確に決めた場合、波の一点を見ているだけですから、波長はわかりません。したがって、速さもわからないのです。

同じように、時間とエネルギーのあいだにも不確定性の関係があります。

ある年齢より上の人にしかわからないかもしれませんが、昔、テレビの音楽クイズ番組に、曲のイントロを聴いて曲名を答える名物コーナーがありました。イントロクイズ、ウルトライントロクイズ、超ウルトライントロクイズ……などと難度が上がるごとに、流れるイントロが短くなります。最後は、出だしのほんの一瞬だけ聴いて答えなければいけません。

これは、不確定性原理によく似ていると言えるでしょう。曲の一部分だけを聴いても、何の曲かを正確に答えるのは難しい。聴く時間が長いほど、曲のリズムやテンポやメロディがわかりやすくなるわけです。

時間とエネルギーの不確定性も、そう考えると理解しやすいのではないでしょうか。粒子のエネルギーは波長の長さで決まりますが、これは音が周波数で決まるのと似ています。それがどんな音かを知るには、時間の幅が必要でしょう。一瞬だけ聴いても、音の周波数はわからない。それと同じように、粒子のエネルギーを正確に測定しようとすると時間が不確定になり、時間を正確に決めればエネルギーが不確定になってしまうのです。

ちなみに、ここで説明した「不確定性原理」は、一つの量子状態は固有の位置と速度を同時に持つことはないという原理です。これに対し、いわゆる「ハイゼンベルクの不確定性原理」とは、位置を測定しようとすると、その行為が測定対象の速度を変化させるので、速度の測定値に不確定性を生んでしまうという、測定精度の限界（量子限界）に関する主張です。この二つはよく似ているので、しばしば混同されますが、違う話です。

一九七〇年代後半から八〇年代前半にかけて、重力波検出計画のために測定精度の理論を突き詰めていくうちに、ハイゼンベルクの不確定性原理に基づいた「量子限界」に疑問が持たれるようになってきました。量子限界を超える精度の測定方法があることが明らかになったのです。そこで、ハイゼンベルクの不確定性原理を拡張し、どのような測定にも当てはまるような不等式として表現したのが、小澤正直でした。小澤の不等式は、二〇一二年一月にウィーン工科大学の実験グループによって検証され、話題になりました。

小澤の不等式も、ここで説明した「不確定性原理」も、いずれも量子力学から数学的に導出できるものであり、矛盾するものではありません。

## 量子力学と特殊相対論が融合して「反粒子」を予言

ここまで、量子力学の概略を説明してきました。奇妙な話ばかりで、重力理論とは関係ないように思われたかもしれません。しかし本書の後半でお話しする最新の重力理論では、この量子力学と一般相対論の融合が大きなテーマとなります。

それ以前に、量子力学と「特殊」相対論の融合については、量子力学の完成した一九二〇年代の終わり頃から考えられていました。「場の量子論」と呼ばれる理論です。特殊相対論では、光、つまり電磁波が大切なので、これを量子力学と融合するためには、電磁場にも量子力学の原理を当てはめる必要があります。電子の経路だけでなく、そのあいだの力を伝える電磁「場」にも量子力学を使うという意味で、「場」の量子論と呼ぶのです。

ここでは、その特殊相対論と量子力学の「結婚」によって何が起きるのかをお話ししておきましょう。

そこから出てきた重要な予言の一つは、「反粒子」の存在でした。

反粒子とは、ある粒子と逆符号の電荷を持つ粒子のことです。質量など電荷以外の性質は、まったく変わりません。たとえば電子はマイナスの電荷を持っているので、その反粒子である「陽電子」は電荷がプラス。ちなみに、この陽電子の存在はケンブリッジ大学のポール・ディラックによって理論的に予言され、四年後にカリフォルニア工科大学のカール・アンダーソンが宇宙線の中から発見しました。

反粒子は、電荷が逆符号の粒子と出会うと、「対消滅」という現象を起こします。読んで字のごとく、両方とも消えてしまう。しかしエネルギーは保存されるので、消えることはありません。そのエネルギーは光になって飛んでいきます。

一方、真空の中では、何もないところから粒子と反粒子が「対生成」され、たちどころに消えるという現象が起きています。粒子の生成にはエネルギーが必要なのに、何もないところからそれが作られる。実におかしな話です。

実は、ここで先ほどの不確定性原理が意味を持ちます。すでに述べたとおり、不確定性原理によれば、時間とエネルギーは同時に決められません。時間を正確に決めれば決めるほど、エネルギーの量は決めにくい――つまりエネルギーの量がアバウトになる――ということです。したがって、ほんの短い時間であれば、エネルギーの保存則が破れてもかまいません。会社のお金をちょっと使い込んでも、すぐに返せばわからないのと同じこと（実際にやってはいけませんよ）。真空からエネルギーを借りて対生成を起こしても、自然が保存則の破れに気づく前に対消滅してエネルギーを返せばいいのです。

## なぜ未来から過去に戻る粒子がなければならないのか

では、量子力学と特殊相対論を融合すると、なぜ反粒子が予言されるのか。これは、カブリＩＰＭＵの村山斉機構長の著書『宇宙は何でできているのか』（幻冬舎新書）に、あまりまじめに考えると頭が混乱して気持ち悪くなるので（笑）、「そういうものか」とファジーに受け止めたほうがいいでしょう。私もあまりまじめに考えないことにしています。

と書いてある話です。チャレンジしたい人のために解説しますが、つまずきそうになったら、次の「粒子と反粒子が対消滅と対生成をくり返す」の節（189ページ）まで読み飛ばしていただいても結構です。ファインマンとホイーラーの会話のエピソードを読んで、その背景をさらに知りたくなったら、戻ってきてください。

では、反粒子が予言される理由を、三つのステップを踏んで説明します。

ステップ1：過去に向かう粒子は反粒子

粒子が過去に向かうとは、出来事の順序が逆転するということです。
過去の太郎さんから未来の花子さんに電子が移動するときには、まず太郎さんが電子を放ち、その後で花子さんが電子を受け取ります。これは、当たり前ですね。

これに対して、電子が過去に向かうと、未来の花子さんから過去の太郎さんに電子が移動します。これを時間の流れに沿って見ると、太郎さんが先に電子を受け取って、その後で花子さんが電子を放つことになるのです。

この二つは、どのように違うか考えてみましょう。

最初の、太郎さんが花子さんに向けて電子を放つ場合には、電子は電荷がマイナスですから、それを放出した太郎さんがまずプラスに帯電し、しばらく時間がたってから、それを受け取った花子さんがマイナスに帯電することになります。これで、太郎さんから花子さんに、マイナスの電荷が移動したことがわかります。

では、電子が、未来の花子さんから過去の太郎さんに移動したときにはどうなるでしょうか。このときには、太郎さんが先に電子を受け取るので、電子を受け取った太郎さんがまずマイナスに帯電します。その後で、電子を放った花子さんがプラスに帯電する。これはあたかも、プラスの電荷を持った粒子が、太郎さんから花子さんに移動したのと同じです。

つまり、マイナスの電荷を持つ電子が過去に向かうということは、プラスの電荷を持つ粒子が未来に向かうことと同じなのです。これを電子の反粒子、陽電子と考えるのです。

また、太郎さんが電子を放つときに受ける反作用の大きさと、太郎さんが陽電子を放つとき（すなわち、未来の花子さんが放った電子を受け取るとき）の反作用の大きさを比べると、電子と陽電子がまったく同じ質量を持つこともわかります。

ここでは電子と陽電子の関係について説明しましたが、これはどのような粒子についても使うことができます。どのような粒子でも、それが過去に向かうことは、その反粒子（質量は同じだが電荷が逆の粒子）が未来に向かうのと同じことなのです。

ステップ2：経路和には、超光速粒子が現れる

過去に向かう粒子は、未来に向かう反粒子と解釈できることを説明しました。しかし、そもそも、過去に向かう粒子などという荒唐無稽なものを考える必要があるのでしょうか。ファインマン流の量子力学では、粒子の可能なルートをすべて考えると書きましたが、それでも未来から過去に戻るようなものまで考えるべきかどうかは明らかではありません。実際、相対論的でない量子力学では、未来に向かう粒子だけを考えるので、反粒子は必然ではありません。

しかし、ファインマン流の量子力学では、粒子は、未来に向かうかぎりは、どのような行動をとることも許されます。粒子がまっすぐに飛ばずに、たとえばブラジルに寄り道をする可能性も計算に加えます。特殊相対論の運動方程式では光よりも速く走ることは許されませんが、同じ理屈で、量子力学では光より速く走るルートも効いてくるのです。つまり、量子力学では、

経路和の中に、超光速の粒子が現れるのです。

ステップ3：超光速粒子は、過去に向かう粒子になれる

ここまで来て、ははーん、と思った人もいるでしょう。「超光速ニュートリノ」の観測結果が発表されたとき、マスコミ報道では「これで過去に戻るタイムマシンが可能になるかもしれない」などと騒がれました。特殊相対論が正しく、なおかつ光よりも速い粒子があるとしましょう。これを走っている人から見ると、その粒子は過去に向かっているように見えることがあるのです。

第二章で、走っている列車に乗った二つの野球チームのキャプテンがジャンケンをする話をしました。列車の中のキャプテンたちは同時にグー・チョキ・パーを出していると思っていても、線路脇のチームメイトからは後尾のキャプテンが先に手を出したように見えるという話でした。観測の仕方によって、同時に起きたかどうかが違って見えるのです。

ここでは、キャプテンたちの代わりに、花子さんと太郎さんに列車に乗ってもらいます。花子さんが前で、太郎さんが後です。花子さんが太郎さんに向けて電子を放ちます。電子の速さが光より遅ければ、列車の中で見ていても、線路脇から見ていても、花子さんが電子を放った

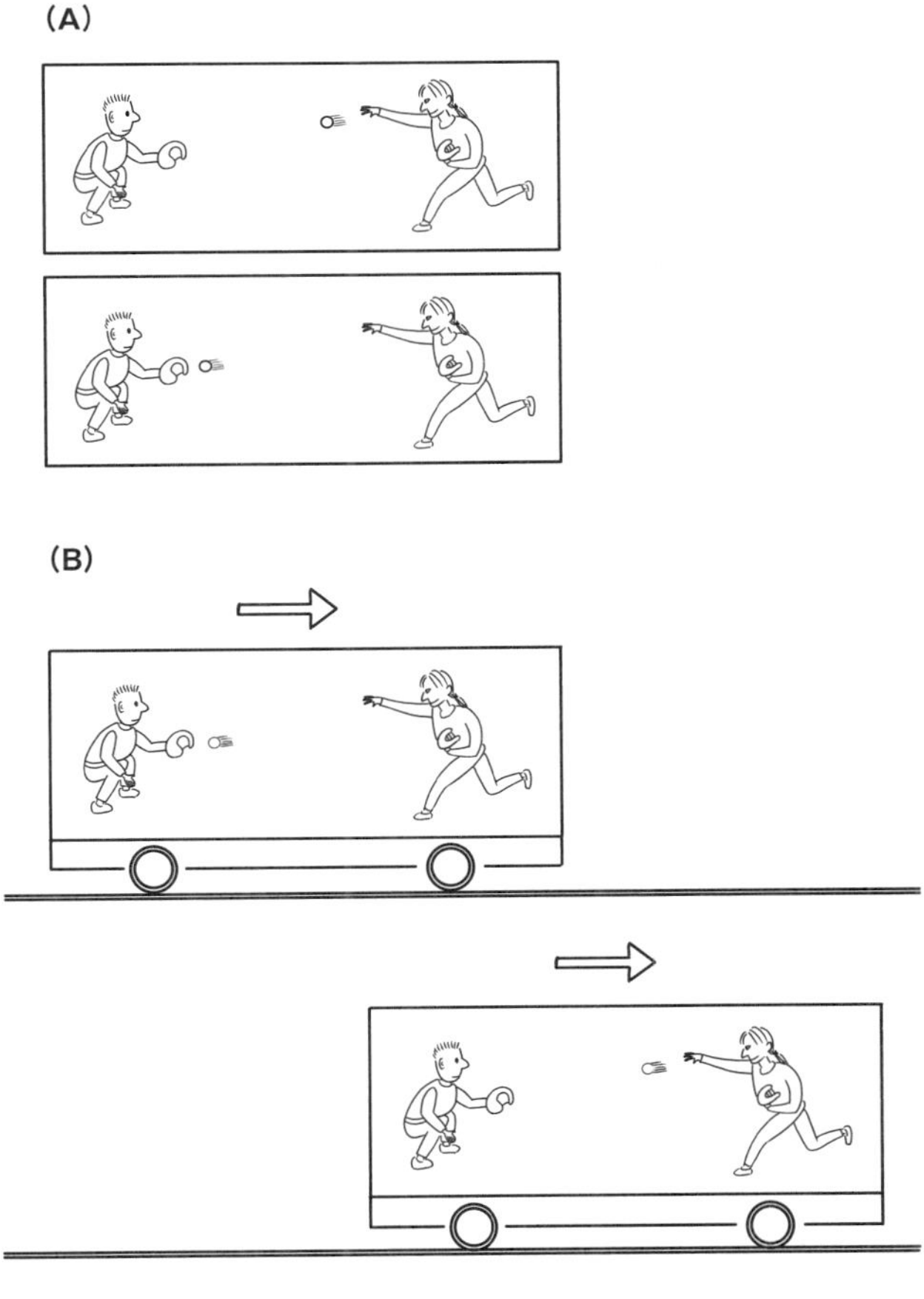


[図33] 花子さんが、超光速で、太郎さんに電子を放つ(A)。線路脇から見ると、太郎さんがまず電子を受け取り、その後で花子さんが電子を放ったように見える(B)。

後で、太郎さんがそれを受け取ったように見えます。ところが、電子が光より速ければ（正確に知りたい人のために書くと、光速の二乗を列車の速さで割ったものより速ければ）、線路脇の人たちには、順番が入れ替わって、太郎さんが電子を受け取った後に、花子さんが電子を放ったように見えます（図33）。このことは、電子の速度が無限大になって、花子さんから太郎さんに電子が瞬時に届く場合のことを想像すると納得できるでしょう。

念のために書きますと、量子力学で超光速の粒子を考えるからといって、タイムマシンが可能になるわけではありません。量子力学はあらゆる潜在的な可能性を「何でもアリ」で考えるので、電子が光速より速く走る効果も計算に入れなければいけません。しかし、それを使ったところで光よりも速く情報を伝えることはできません。これに対して「超光速ニュートリノ」の観測が驚きだったのは、これが本当なら光よりも速く情報を送ることができることになり、因果律と矛盾が起きるので、特殊相対論を考え直さなければならなくなるからです。

量子力学だけでは、過去に向かうような粒子を考える必然性はありません。一方で、特殊相対論では、光より速い運動は禁止されます。ところが、量子力学と特殊相対論を組み合わせると、過去に向かうような粒子を考えることが必要になることがわかりました。粒子が過去に向かうということは、その反粒子が未来に向かうことなので、量子力学と特殊相対論を組み合わせた理論では、反粒子の存在が必然なのです。

## 粒子と反粒子が対消滅と対生成をくり返す

以上の説明は、電子にかぎらず、あらゆる粒子に当てはまります。特殊相対論と量子力学を組み合わせると、どんな粒子にも反粒子が存在することが導かれる。光子のように電荷を持たない粒子もありますが、その場合は自分自身が反粒子になります。

ここで、粒子と反粒子の対生成と対消滅がどのように起こるのかを図解しましょう。縦軸は時間（下が過去、上が未来）で、横軸は空間（距離）です。これはファインマン・ダイアグラムと呼ばれるもので、ファインマンの発案したこのグラフを使うと、粒子の動きが大変わかりやすくなります。

前節を読み飛ばした人のために書いておくと、電子の進む方向を表す矢印が未来から過去に向かっている場合には、これを電子の反粒子である陽電子が未来に向かっているものと解釈します。

まず、未来からやってきた電子が、途中の点Pで反転して未来へ戻った場合。これは、折り返し地点Pで電子と陽電子が対生成し、どちらも未来に向かったのと同じことでしょう（図34上）。

次に、点Pから右斜め上に向かった電子が、点Qで再び反転して過去に向かい、ぐるりと輪

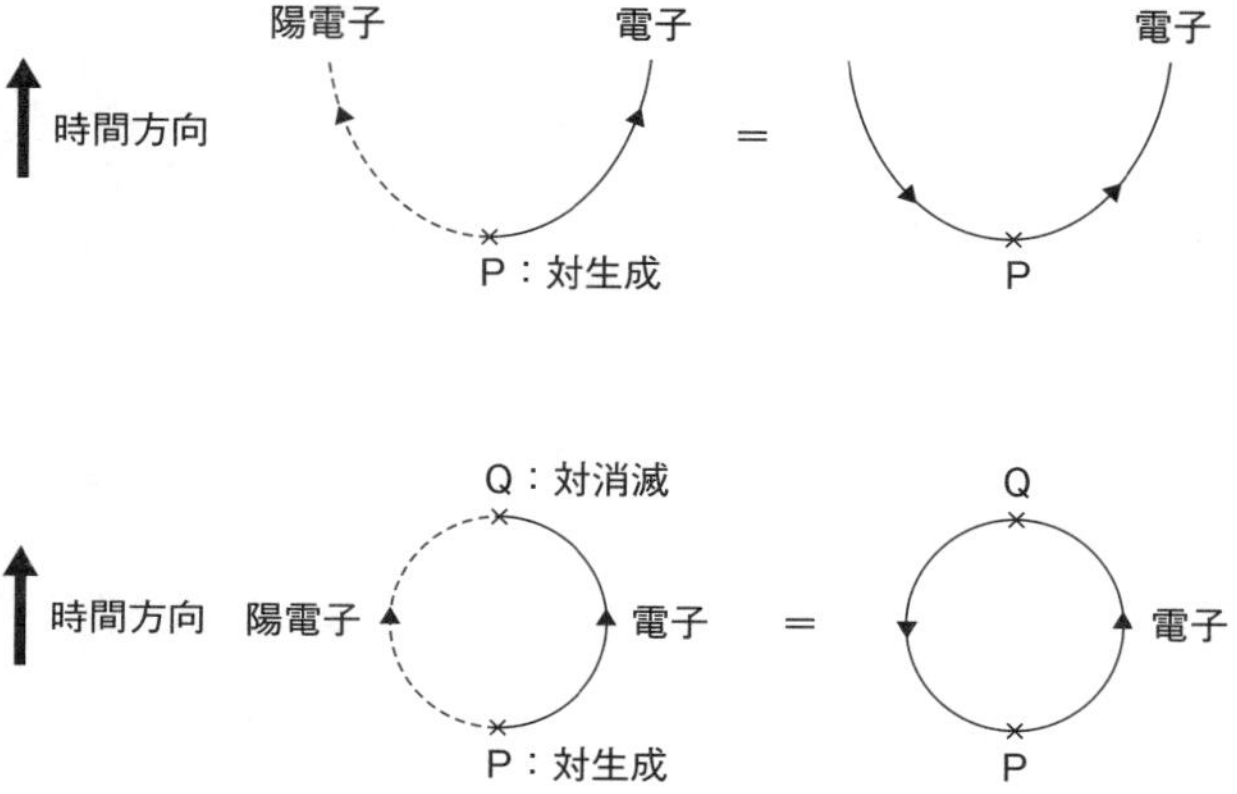


［図34］**未来からやってきた電子が、点Pで折り返して未来に戻ると（上右）、点Pで電子と陽電子の対生成が起きたことになる（上左）。ぐるりと輪を描くと（下右）、対生成した電子と陽電子が点Qで対消滅する（下左）。**

を描くように動いた場合。これは、点Pで対生成した電子と陽電子が、再び点Qで出会って対消滅したのと同じことです（図34下）。

また、過去から未来、未来から過去へとジグザグに進んだ場合は、時間軸の方向を変えるたびに対消滅と対生成をくり返しているのと同じことになります（図35）。

この三つのダイアグラムは、いずれも一筆書きのできる一本の道ですが、時間の流れに沿って見ていくと、電子の方向が変わる点で対生成や対消滅が起きていることがわかります。一つの電子が行ったり来たりすることで、いくつもの電子や陽電子になる。これらのアイデアはファインマンによるものですが、そこにヒントを与えた人は

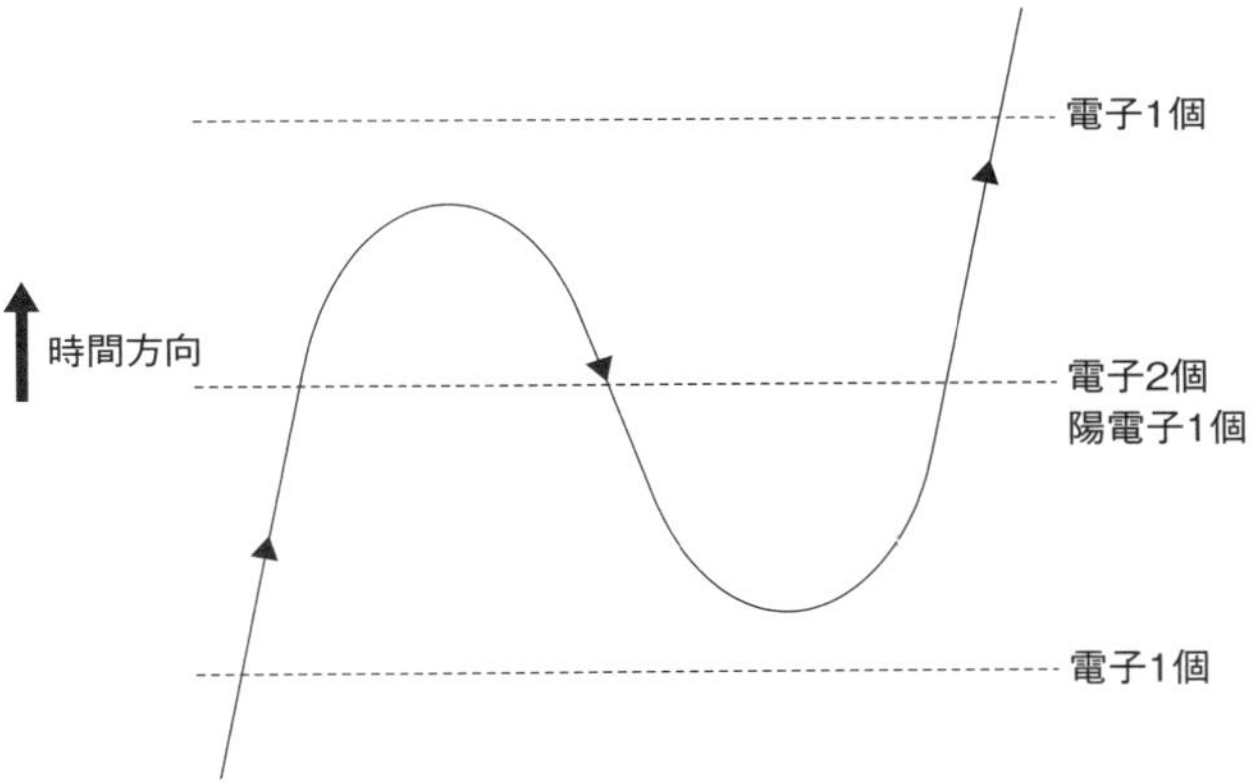


[図35] 時間の向きに沿って見ると、一つの電子があったところに、電子と陽電子が対生成し、その後に対消滅が起きて、最後に一つの電子が残る様子を表している。

いました。そのエピソードを、ファインマンは自身のノーベル賞受賞講演で明かしています。

ファインマンがまだプリンストン大学の大学院生だったときのことです。突然、指導教官のホイーラーから電話がありました。「ブラックホール」の名づけ親としても知られる、著名な物理学者です。第二章の冒頭の「急進的保守主義者」の話でも出てきましたね。

「ファインマン、どうして電子がどれも同じ質量と電荷を持っているかがわかったぞ！」。いきなり、ホイーラー先生は言いました。「なぜかって？　全部、同じ電子だからさ。いいか？　一つの電子が過去と未来を行ったり来たりして、こんがらがっているとしよう。これをある時間のところで切ってみると、たくさんの電子が未来に向かったり、過去に向かったりしている。過去に向かっているのは、陽電子だ」

ファインマンは、こう反論したのだそうです。

「でも先生、陽電子は、電子ほどたくさんはありませんよ」

たしかに、その理屈ですべての電子が説明できるなら、陽電子と電子はこの世に同じ数だけ存在しなければいけません。即座にそこに気づいたファインマンは、やはり大したものです。がっかりしたホイーラー先生は、苦し紛れの捨て台詞を吐きました。

「うーむ、そうか……じゃあ、陽子の中にでも隠れてるんじゃないのか？」

というわけで、ホイーラー先生の思いつきは一瞬で却下されてしまいました。しかしファインマンは、ここで「未来から過去に向かう電子は、過去から未来に向かう陽電子と同じ」であることに気づき、そのアイデアを自分の理論に活用したのです。

## 真空から粒子が無限に生まれてしまう「場の量子論」

ここまで、量子力学と特殊相対論を組み合わせたときに何が起こるのかを見てきました。ここでいちばん重要なのは、何もない真空から対生成によって粒子がボコボコと出てきてしまうために「粒子の数を決めておけない」ということです。

たとえば大砲の弾道を計算するなら弾の数は一個に固定されているので、答えは簡単に出るでしょう。こうした計算は、考慮に入れる「自由度」が大きいほど難しくなります。たとえば大砲の弾の位置は、縦・横・高さの三つの数字で決まりますが、これはそのときの条件次第で自由に決めることができる。これが「自由度」です。大砲の弾が二個なら、その二個の位置を決めるのに必要な数字は二×三＝六個、三個なら三×三＝九個になります。しかし扱う粒子の数が固定できないのでは、無限個の自由度について考えなければなりません。

素粒子論の基礎となる「場の量子論」が確立されるまでに半世紀もの時間を要したのは、この無限個の自由度を持つ量子論をどう考えてよいかがわからなかったからです。場の量子論は、量子力学が完成された直後の一九二九年にハイゼンベルクやパウリなどコペンハーゲン派の研究者によって提唱されました。しかし、量子力学とマクスウェルの電磁気学を融合した「量子電磁気学」ができあがるまでには二〇年かかりました。その研究では、朝永振一郎やファインマン、シュウィンガーのほか、陽電子の存在を予言したディラックやそれを検出したアンダーソンもノーベル賞を受賞しています。

その後、場の量子論が素粒子論の基礎として受け入れられるまでには、さらに二五年かかりました。朝永振一郎のほかにも、ここには日本の研究者が中心的な役割を果たしています。コペンハーゲンのボーア研究所から帰朝した仁科芳雄から薫陶を受けた湯川秀樹、朝永以来、南部陽一郎、益川敏英、小林誠など、日本の素粒子論は、多くのノーベル賞受賞者を輩出しました。

しかし実は、まだ場の量子論は完成していません。クレイ数学研究所が二〇〇〇年に七つの未解決問題を掲げ、「二〇〇〇年紀賞」としてそれぞれに賞金一〇〇万ドルを提示しましたが、その中には場の量子論を数学的にきちんとした理論にしなさいという「ヤン＝ミルズ問題」も含まれています。有名な「ポアンカレ予想」はロシアのグレゴリー・ペレルマンが解き、賞金を辞退したことでも話題になりましたが、ヤン＝ミルズ問題はまだ解決していません。それぐらい、難しい問題なのです。

その一方で、場の量子論が投げかける問題は、数学者を触発し、現代数学の発展を促しています。たとえば、「数学のノーベル賞」とも呼ばれるフィールズ賞の一九九〇年以来の受賞者を見てみると、その四割近くが場の量子論と密接に関わった研究をしています。宇宙の根源的な問題に答えることをミッションとするカブリＩＰＭＵの研究に、多くの数学者が参加しているのは、そのためでもあるのです。

# 第六章　宇宙玉ねぎの芯に迫る

## ――超弦理論の登場

## 「宇宙という玉ねぎ」はどこまで皮がむけるか

物理学の目的は、一つではありません。直接的に技術革新に結びつく実用的な研究も、たくさんあります。しかし、その真骨頂の一つが自然界の「基本法則」を発見することにあるのは間違いないでしょう。この世界はいったいどのように成り立っているのか——いわば私たちの存在の根源に関わる問題に答えるのが、物理学が果たすべき一つの大きな使命です。

その基本法則は、私たちの経験の範囲が広がるにつれて深まってきました。かつてはニュートン理論ですべてが説明できると思われましたが、より大きなマクロの世界に出会うとアインシュタイン理論が必要になり、より小さなミクロの世界では量子力学が必要になるわけです。

また、物理学の世界では、新しいフロンティアを切り開くたびに、従来の理論を統一する理論が築かれてきました。たとえばマクスウェルは電気現象と磁気現象を統一して電磁気学を確立し、そのマクスウェル理論とニュートン理論の矛盾を解消するためにアインシュタインの特殊相対論が登場した。さらに、その特殊相対論と量子力学を融合させることで「場の量子論」が発展するという具合です。

いずれにしろ、基本法則の研究がフロンティアの拡大と共に進歩することは間違いありません。では、物理学が扱う領域はどこまで広げることができるのでしょうか。もし、どこまで広げても「次」のフロンティアがあるのなら、基本法則の追究にも終わりはありません。逆に、もしすべてを説明できる「究極の基本法則」があるとすれば、そこから先は掘り進めることのできない行き止まりがあることになります。

私が大学生時代に読んだフランク・クローズの『宇宙という名の玉ねぎ』（吉岡書店）という本では、ミクロの世界で物理学のフロンティアが広がっていく様子を、玉ねぎの皮にたとえて説明していました。いちばん外側の皮は、私たちが日常的に経験する世界です。それをひと皮むくと、あらゆる物質が「原子」からなっていることがわかりました。しかし、それも「皮」にすぎません。もうひと皮むくと、そこには「原子核」がある。さらにその皮をむくと、原子核が陽子と中性子に分解できました。現在では、陽子と中性子も「皮」にすぎず、その中に「クォーク」という粒子が詰まっていることがわかっています。

こうなると当然、クォークという「皮」をむけば、その中にまだ私たちの知らない中身があるのではないかと思いたくなるでしょう。どこまでむいても、その先があるような気がしてきます。

クォークが、それ以上は分解できない素粒子＝物質の根源なのか、それとも未知の基本粒子で構成されているのかは、今後の実験で検証されるべき問題でしょう。しかし一方で、宇宙という玉ねぎの皮はかぎりなくむき続けられるのか、あるいはそれ以上はむけない「芯」があるのかどうかについては、理論的に答えることができます。

結論から申し上げましょう。それがクォークかどうかは別にして、この玉ねぎには必ず「芯」があります。物理学者の皮むき作業は、永遠に続くわけではありません。いつかどこかで、間違いなく「これ以上はむけないところ」にたどり着く。したがって、宇宙の根源を説明する究極の基本法則も、必ず「ある」のです。

## 加速器を巨大にすれば無限に小さなものが見えるのか

しかし、まだ「これが芯である」と断言できるものは見つかっていません。それなのに、なぜ「芯がある」とわかるのか。それを理解してもらうために、まず、現在の素粒子実験がどのように「皮」をむいているのかをお話ししましょう。

ミクロの世界を観察するには、「顕微鏡」が必要です。その解像度を上げれば上げるほど、より小さなものが見えるでしょう。そのためには、できるだけ波長の短いものを観察対象にぶつけなければいけません。対象の大きさよりも波長が長いと、波が相手を回り込んで通り過ぎてしまいます。

そして、光電効果のところでお話ししたとおり、「波長が短い」とは「エネルギーが高い」ことにほかなりません。ですから、「顕微鏡」の解像度を高められるかどうかは、エネルギー

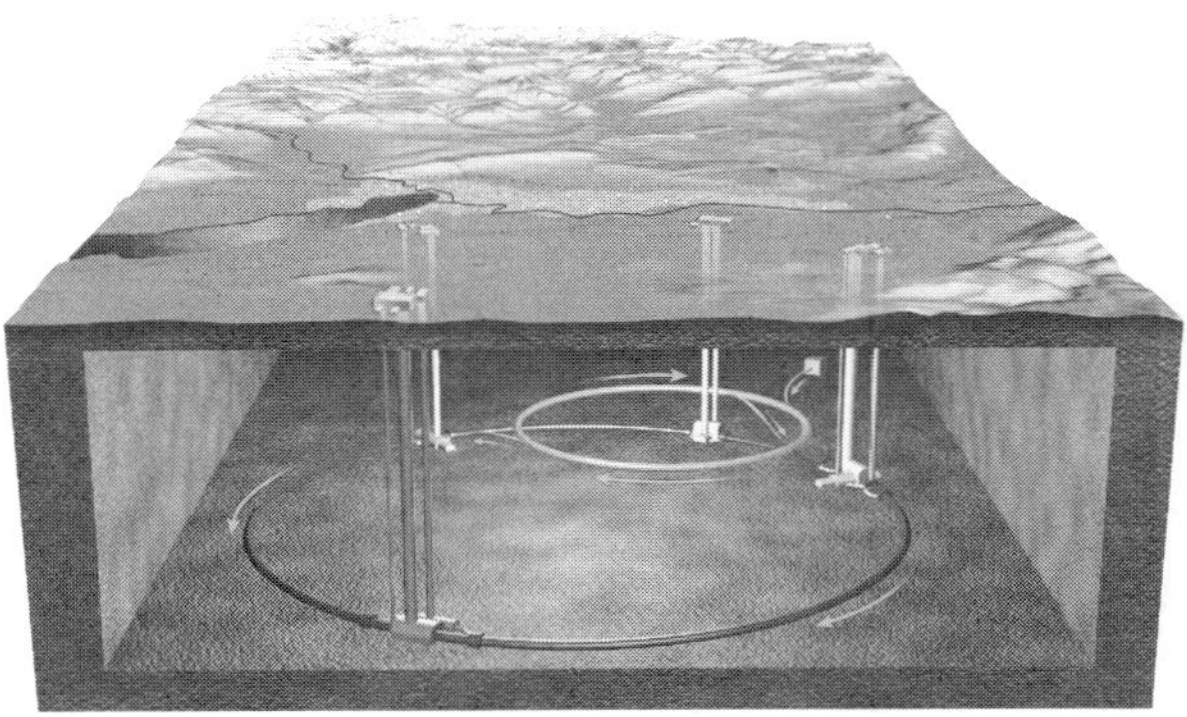

［図36］CERNのLHCは1周27キロメートル　©CERN

をどこまで高められるかで決まります。

　たとえば電子顕微鏡も、電子にエネルギーを与えて加速すればするほど、波長が短くなって小さいものが見えます。素粒子実験に使用される粒子加速器も、原理は電子顕微鏡と変わりません。高エネルギーで加速させた粒子を衝突させることで、ミクロの世界が見えてくる。エネルギーを高めれば高めるほど、より小さい玉ねぎの皮をむくことができるわけです。

　エネルギーを高めるため、粒子加速器はどんどん巨大化してきました。その最先端に位置するのが、ここまでにも何度か出てきたCERN（欧州原子核研究機構）のLHC（大型ハドロン衝突型加速器）です。一周二七キロメートルもある円形の装置が、地下一〇〇メートルに埋まっている。その中で陽子をグルグルと回転させて加速し、反対方向から来る陽子と正面衝突させることで、《一〇〇億×一〇億》分の一メートルというミクロの世界を見ることができます。ナノメートルが一〇億分の一メートルですから、「ナノ」×「ナノ」のさらに一〇分の一の世界です。

もし、このような加速器のエネルギーを際限なく高めることができたとしたら（そして宇宙という玉ねぎに「芯」がなければ）、果てしなく小さいものが見えるはずだと思うでしょう。しかし、そこにはある限界があります。

ここで、特殊相対論の「$E=mc^2$」を思い出してください。この式は、エネルギーが質量に転換されることを意味していました。そのため、粒子同士が高エネルギーで衝突した瞬間、そこには「重いもの」が生まれます。きわめて小さな領域に大きな質量が集中すると、どうなるか。ここまで本書を読んできた方なら、察しがつくでしょう。そう、そこには「ブラックホール」が生まれるのです。

ブラックホールができると、その質量に応じた「事象の地平線」ができるので、そこより内側の領域は見ることができません。何の情報も出てこないので、そこで何が起きているかわからない。しかも、事象の地平線はブラックホールの質量が増すほど大きくなります。したがって、粒子の波長を短くするためにエネルギーを高めれば高めるほど、ブラックホールに邪魔されて観測できない領域が広がってしまうのです。

## 宇宙という玉ねぎの「芯」は「プランクの長さ」

《一〇〇億×一〇億》分の一メートルの世界を探索するLHC実験では、現在の素粒子の標準模型を超える現象が見つかるのではないかと期待されています。その世界を記述するさまざまな理論が提案されていますが、その中にはLHCのエネルギーでも装置の中でブラックホールができてしまうというものもあります。科学解説書『ワープする宇宙―5次元時空の謎を解く』(日本放送出版協会)やNHKのドキュメンタリー番組『未来への提言』への出演などでも知られている物理学者リサ・ランドールらの理論もその例です。そのため実験開始前には、「地球が飲み込まれてしまう」と早合点して差し止め訴訟を起こした人もいました。しかし、LHCでブラックホールができたとしても、それはごく小さなものですし、すぐに消えてしまうので心配は要りません。逆に、このような理論が正しければ、後でお話しする超弦理論がLHCで直接検証できることになるので、とてもエキサイティングなことです。

素粒子の標準模型がLHCを超える高いエネルギーでも成り立ったとして、さらに小さな領域を観測するために加速器のエネルギーを高めていくと、いずれはブラックホールが無視できない大きさになっていきます。LHCの一京倍のエネルギーを実現する加速器を考えてみましょう。LHCと同じ技術を使うとすると、その加速器は銀河系の厚みと同程度の半径(!)

になるので、これはあくまでも思考実験です。

そのエネルギーで加速した粒子の波長は、《一億×一〇億×一〇億×一〇億》分の一メートル。一〇ナノ・ナノ・ナノ・ナノメートルになります。そして、この波長の粒子が衝突した際に生まれるブラックホールのシュワルツシルト半径は、《一億×一〇億×一〇億×一〇億》分の一メートル。加速器の分解能とブラックホールの大きさが同程度になるので、観測すべき領域が覆い隠されてしまうのです。せっかく銀河系規模の装置まで作ってエネルギーを高めたのに、これでは意味がありません。

そこから先は、エネルギーを高めれば高めるほど波長が短くなり、ブラックホールは大きくなりますから、ますます観測には意味がなくなります。したがって、加速器実験でミクロの世界を見る手法は、一〇ナノ・ナノ・ナノ・ナノメートルまでが限界。「技術的に不可能」なのではありません。「原理的に不可能」なのです。

この思考実験は加速器で「見る」ことを前提にしましたが、それ以外のさまざまな思考実験でも、この長さが分解能の限界であることがわかっています。どんな原理を使って分解能を上げようとしても、それより小さなものは見ることができません。

第二章と第三章で見たように、相対論では光の速さに特別な意味があります。光の速さに近づくと、ニュートン力学では説明できない現象が起きます。これと同じように、《一億×一〇

億×一〇億×一〇億》分の一メートルという極微の領域を探索しようとすると、量子力学、一般相対論のどちらかだけではうまくいきません。その両者を融合する新しい理論が必要になるのです。

アインシュタインの光量子仮説の前に光が「粒」だと主張したマックス・プランクは、自分の理論と、重力理論を組み合わせると、《一億×一〇億×一〇億×一〇億》分の一メートルが特別な長さとして現れることに気がつきました。プランク自身は、量子力学のさきがけとなった光量子の発見よりも、この長さの発見のほうが重要であると考えていたそうです。そのため、プランクの名前を取って、この長さは「プランクの長さ」と呼ばれています。

## 宇宙の根源を説明する、究極の統一理論とは?

この「プランクの長さ」が、宇宙という玉ねぎの「芯」です。「観測はできなくても、本当はまだ中身があるかもしれない」と思う人もいるでしょう。しかし物理学では、原理的にすら観測できないものは「ない」のと同じであると考えます。

量子力学の不確定性原理でも、かつて同じような議論がありました。その原理によれば、粒子の速度を定めると、その粒子は決まった位置を持ちません。これを「測定できないだけで、実際にはその粒子にも決まった位置があるだろう」と考えた人もいます。常識的には、誰でもそう思うでしょう。

しかし、それは正しくありませんでした。速度が正確に測定された粒子には、位置が「ない」のです。たとえば水面の波のことを考えれば、それも納得できるでしょう。波には広がりがあるので、その波長と位置を同時に決めることはできません。ある決まった波長を持つ波があるとして、その正確な位置はどこでしょうか。波がどこにあるかと聞かれたら、波全体を指すしかありません。波には正確な位置がない。測れないものは「ない」のです。

その意味で、「プランクの長さ」が分解能の限界だという原理は、新しい「不確定性原理」だと言えるでしょう。原理的に観測できない以上、それより小さいものはありません。それが宇宙という玉ねぎの「芯」であり、そこから先は、もう皮をむくことができないのです。

だとすれば、その「芯」で起きる現象を説明できる理論さえ築くことができれば、それ以上に理論を拡張する必要はありません。その先にフロンティアはないのですから、そこが理論の終着点です。そこまでたどり着けば、この世界の根源を統一的に記述する「究極の理論」が完成することになります。

では、それはどんな理論になるのでしょう。実は、すでにその目星はついています。その統一理論は、量子力学と一般相対論を融合したものになるに違いありません。というのも、まず「波長」を持つ粒子は量子力学の守備範囲です。一方、ブラックホールは一般相対論の世界。

つまり、その両者が一致する一〇ナノ・ナノ・ナノ・ナノメートルの「プランクの長さ」は、量子力学と一般相対論がどちらも同じぐらいの影響を及ぼす領域なのです。

## 朝永＝ファインマン＝シュウィンガーの「くりこみ理論」

しかし、かたやミクロの世界、かたやマクロの世界を説明する理論として発展してきたので、この両者を統一するのは簡単ではありません。アインシュタインの重力理論に量子力学をそのまま当てはめようとすると、さまざまな困難が生じるのです。

たとえば量子力学の不確定性原理によると、物体の位置や速度といった物理量はミクロの世界では常に揺らいでいます。そのため、マクスウェルの電磁気理論と量子力学を融合した「量子電磁気学」も、確立するまでに大変苦労しました。

マクスウェルの理論はマクロな電場や磁場を扱うので物理量を明確に計算できましたが、ミクロの世界では電場も磁場も揺らいでいます。なにしろ真空からボコボコと粒子がわき出てくる世界ですから、それも当然でしょう。電場や磁場の方向や強さが場所ごとに変わるので、その揺らぎの効果をすべてカウントしようとすると、いろいろな計算に「無限大」が現れて、物理的には意味をなさなくなってしまうのです。

その問題を解決したのが、一九六五年にノーベル賞を共同受賞した朝永＝ファインマン＝

シュウィンガーの「くりこみ理論」でした。

くりこみ理論はきわめて複雑な計算によって、無限大を回避する手法です。無限大を注意深く避けながら騙し騙し計算することによって、ようやく物理的に意味のある結果が出る。物理学における無限大は、それくらい厄介な存在なのです。

ちなみに、シュウィンガーは二十一歳で博士号を取ったという秀才で、コペンハーゲン流の量子力学をそのままマクスウェルの理論に当てはめ、超人的な計算力でくりこみ理論に取り組みました。これに対し、ファインマンは独創的な科学者で、物理のほとんど全部を自分で再発見または再発明するような人でした。彼自身によると、教科書で教えられた量子力学が理解できなかったそうで、ほかの誰よりも熱心に勉強して、ついに自分流の量子力学を完成したのだそうです。これが前章で解説したファインマンの「経路和」の方法です。ファインマンのこの方法は、「くりこみ理論」においてもシュウィンガーの方法よりも圧倒的に効率的で、今日ではほとんどの研究者がファインマンの方法で計算を行っています。

アメリカで理論物理学の二人の巨人がくりこみ理論の完成に向けて競っていた最中の一九四八年に、日本から小さな小包が届きました。同封された物理学雑誌には、朝永振一郎が第二次世界大戦中の一九四三年に日本語で発表した論文の英訳が掲載されていたのです。のちにファインマンの方法が朝永やシュウィンガーの方法と数学的に同等であることを証明して名を成したフリーマン・ダイソンは、その論文を読んだときのことを、自伝の中に次のように記しています。

戦争による破壊と混乱のまっただ中で、世界の他の部分からまったく孤立しながらも、……彼はシュウィンガーに五年先んじて、……新しい量子力学を独立で推し進め、その基礎を築いていた。……そして、一九四八年の春、東京の灰と瓦礫の中に座しつつ、あの感動的な小包をわれわれに送ってきた。それは、深遠からの声としてわれわれに届いた。

(F・ダイソン『宇宙をかき乱すべきか』ちくま学芸文庫)

アインシュタインの重力理論と量子力学を組み合わせたときも、やはり無限大の問題が現れます。しかしこれは電磁気のときよりもタチの悪い無限大で、くりこみ理論では解決することができません。それが、統一理論を考える上での障害の一つです。

また、アインシュタイン理論では、重力の伝わり方を空間の曲がり具合や時間の伸び縮みで説明します。そこでは時間と空間が混ざり合っているのですが、これに量子力学を当てはめると、時間と空間の構造そのものがミクロの世界で揺らいでしまう。空間が固定されないので、「長さ」という概念も成り立ちません。長さを決めようと思っても、揺らいでいる空間のどこを測定しているのかわからないからです。この問題はさまざまなパラドックスを生んでしまうので、長く物理学者を悩ませてきました。その中でも代表的なパラドックスが「ブラックホールの情報問題」なのですが、それについてはのちほど章を改めてお話しすることにしましょう。

この世界の「芯」を説明する究極の統一理論を築くには、こうした問題を解決しなければいけません。そして現在、その可能性を持つ理論が一つだけ知られています。量子重力の無限大の困難を克服し、さまざまなパラドックスを解決することで、量子力学と一般相対論を融合すると期待される理論。それが、これから紹介する「超弦理論」です。

## 素粒子とはバイオリンの「弦」のようなもの!?

超弦理論は「超ひも理論」と表記されることもありますが、どちらも「Superstring Theory（スーパーストリング・セオリー）」の訳語ですから、何も違いはありません。私たち専門家は「超弦理論」と呼ぶことが多いので、本書ではこちらを採用します。また、その性質を理解する上でも、「ひも」より「弦」のほうがわかりやすいでしょう。

ここでいう「ストリング」とは、もともと、物質の根源である素粒子の基本単位として考えられたものです。古代ギリシャで万物の根源を「原子」とする考え方が生まれて以来、素粒子はそれ以上は分割できない「点」だと思われていました。しかし超弦理論では、それを一次元の幅を持つ「ストリング」だと考えます。

現在わかっている素粒子には、クォーク、光子、電子、ニュートリノなど多くの種類がありますが、いくつものバリエーションがあるとなると、どうも物質の「基本単位」という気がしません。それこそ「皮」をもう一枚むけば、それぞれの素粒子に共通の基本単位がありそうです。

そこで超弦理論では、すべての粒子は同じ「ストリング」からできていると考えます。バイオリンの弦が、振動することでさまざまな音程や音色を奏でるのと同じように、この「弦」もその振動の仕方によって、クォークになったりニュートリノになったりする。そういう意味で、「ひも」より「弦」のほうが理論をイメージしやすいのです。

この考え方が最初に登場したのは、一九六〇年代の終わりのことでした。きっかけは、五〇年代から六〇年代にかけて加速器が発達し、次々と新しい「素粒子」が発見されたことです。現在ではそのどれもがクォークで構成される大きな粒子だとわかっていますが、当時は陽子や中性子と同じように「素粒子」だと考えられていました。それが毎週のように世界のどこかで発見されるのですから、どう解釈すればいいのかわかりません。素粒子の種類がそんなにたくさんあるのでは、「基本粒子」だとは思えないからです。

このように素粒子論が混迷を深める中、一九六八年にイタリアのガブリエレ・ベネチアーノが、素粒子の性質を説明する公式を発見しました。ただしそれは、基本法則から導き出したものではありません。具体的な根拠もなく、いきなり「この関数を使えば辻褄が合う」と答えだけを出したのです。

その二年後、ベネチアーノの公式を説明する新しいアイデアを提案したのが、南部陽一郎でした。素粒子が「点」ではなく、弾力のある「弦」でできていると考えれば、次々と見つかる粒子の性質をその公式で説明できることを発見したのです。これが「弦理論」の始まりでした。

## 弦理論から素粒子全体を扱える超弦理論へ

南部陽一郎が始めた「弦理論」は、現在では、「超弦理論」と呼ばれています。この「超」とは何でしょうか。もちろん、そこには具体的な意味があります。「ものすごい弦理論」といったような、漠然とした接頭辞ではありません。

その意味を説明するには、まず現在わかっている素粒子の「標準模型」を大まかに知ってもらう必要があります。素粒子の研究に「模型（モデル）」を使うというのは不思議な言葉遣いですが、「標準模型」とは、どのような種類の素粒子が、どのように力を及ぼし合ってミクロな世界を作っているかを、最新の実験のデータをもとにまとめた理論のことです。物理学では、自然の現象を数学の言葉に置き換えて説明することを「モデルを作る」と言います。要するに、

「いま素粒子の世界はここまでわかった」と示す最先端のモデルが、標準模型なのです。

標準模型では、素粒子を、物質のもととなるフェルミオンと、そのあいだの力を伝えるボソンに大別します。陽子や中性子の中にあるクォークはもちろん、電子やニュートリノも物質を構成するフェルミオンの一種です。これに対し、光子は、前述したとおり電磁気力という「力」を伝える粒子ですから、ボソンです。また、素粒子の質量の起源とされるヒッグス粒子もボソンの仲間に含めます。ヒッグス粒子は、素粒子の標準模型の中では唯一見つかっていない粒子ですが、ＬＨＣで発見されると期待されています。

[図37] 南部陽一郎(1921-)

ともかく、ここでは素粒子に物質を構成するフェルミオンとそのあいだの力を伝えるボソンの二種類があることだけわかってもらえばいいでしょう。そのフェルミオンとボソンが相互作用する仕組みを明らかにし、どのようにしてさまざまな現象を起こしているのかを説明したのが、標準模型です。

さて、ここで弦理論の話に戻ります。一九七〇年に南部が発表した最初の弦理論は、素粒子全体に当てはまるものではありませんでした。ボソンのほうしか扱えない理論だったのです。

そこで、フェルミオンも含めて素粒子全体を弦理論で扱うために生まれたのが、「超対称性」という概念でした。「対称性」とは、何かを入れ替えても自然界のあり方が変わらない性質のことです。たとえばパリティ対称性というものがあります。自然界の現象は物理法則にしたがって起きているわけですが、ある現象について、それを鏡に映したかのように左右を入れ替えたものを想像してみると、その現象もまったく同じ法則にしたがっている。左右を入れ替えても物理法則が変わらないことが、パリティ対称性です（ただしパリティ対称性はミクロの世界ではわずかに破れているので、これはあくまでも近似的な話です）。

南部の提案した弦理論はボソンしか扱えませんでしたが、超対称性を導入すると、それを導きの糸として、この理論にフェルミオンまで含めることができるようになりました。ボソンとフェルミオンという異質な粒子を関係づけるものなので、普通の対称性と区別するために、「超」対称性と呼ばれています。超弦理論の「超」は、この超対称性の「超」のことなのです。ボソンもフェルミオンも含めた、あらゆる素粒子の根源を「弦」だとする理論は、超対称性の存在を前提にしているのです。

## 立ちはだかる六つの余計な次元と謎の粒子

しかし七〇年代の初頭に生まれた超弦理論には、いくつか困った問題がありました。一つには、理論がきちんと成り立つためには、宇宙が一〇次元（空間九次元＋時間一次元）である必要があることがわかったのです。私たちの空間は三次元のはずです。これは、空間で位置を決めようとすれば、縦・横・高さを決めればよいということです。空間が九次元ということは、縦・横・高さのほかに、六つの余計な次元があるということです。そのような余計な次元がなぜ必要なのでしょうか。これは、理論上の大きな欠陥だと考えられました。

それだけではありません。素粒子のモデルとしても、そこには欠陥がありました。理論の中に含まれていたのです。弦い奇妙な粒子が、理論の中に含まれていたのです。弦にはさまざまな振動の仕方があります。その中でも、図38のような振動を考えると、それに対応する粒子は質量を持たず、光の速さで走ることがわかりました。しかし、素粒子の中で光の速さで走れるものは、電磁気力を伝える光子など、かぎられたものしかありません。

もともと、次々に発見される素粒子の説明をするた

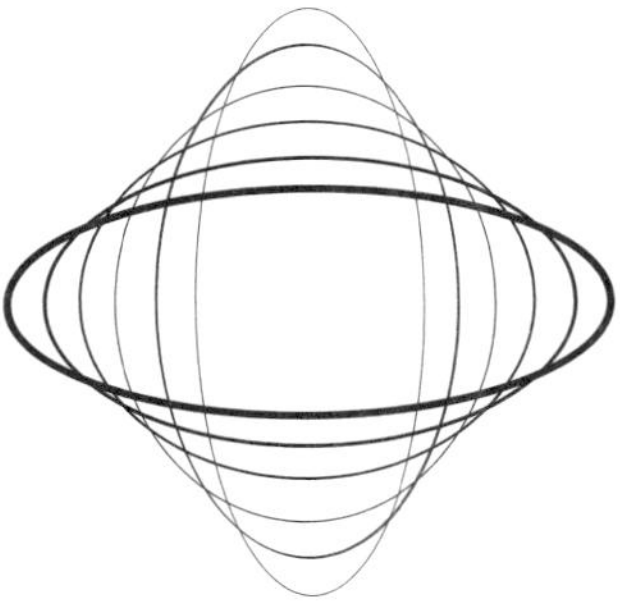

[図38] **弦のこのような振動に対応する粒子は、質量を持たない。**

めに考えられた理論ですから、そこからさらに意味のわからない粒子が出てきたのでは、本末転倒とも言えるでしょう。超弦理論には、六つの余剰次元と謎の粒子という、二つの「余計なもの」が含まれていたのです。

しかし一九七四年に、日本とアメリカでほぼ同時に、この理論がまったく別の可能性を持っていることがわかりました。日本でそれに気づいたのは、当時まだ北海道大学の大学院生だった米谷民明（現・東京大学名誉教授）です。米谷は、超弦理論に含まれる奇妙な粒子が重力波の量子、すなわち重力子（重力を伝えるボソン）であることを発見しました。たしかに、重力は、光の速さで伝わると考えられています。

一方のアメリカでは、カリフォルニア工科大学のジョン・シュワルツが、フランス人のジョエル・シェルクとの共同研究の中で、超弦理論が重力を含んでいることに気づきました。彼らはさらに踏み込んで、超弦理論を重力理論として使うことで、一般相対論と量子力学を融合する究極の統一理論ができるはずだと提唱したのです。

## シュワルツ、苦節一〇年の末の革命的な発見

ところで、その頃には素粒子論のほうでも大きな進展がありました。のちにノーベル賞を受賞する「強い相互作用の漸近的自由性」という理論が前年に発表され、素粒子実験が場の量子

論によってきちんと説明できることが示されたのです。

こうなると、素粒子論としての超弦理論にはもうあまり魅力がありません。場の量子論で素粒子実験が説明できるのに、超弦理論のほうは未完成だったからです。そのため超弦理論は、ほとんどの研究者から見向きもされなくなりました。当時の研究者にとっては、それが当たり前の判断だったでしょう。

しかしシュワルツは、超弦理論を見捨てませんでした。それが重力理論を含んでいるとわかった時点で、彼は「超弦理論の研究に生涯をささげようと決意した」と言っています。カリフォルニア工科大学も、そんなシュワルツを雇い続け、研究面でもさまざまなサポートをしました。私もそこに勤務しているので手前味噌ではありますが、この大学には先見の明があったと言えるでしょう。

［図39］ジョン・シュワルツ（1941-）

コツコツと研究を続けたシュワルツは、一〇年後の一九八四年、若手研究者のマイケル・グリーンと共に、革命的な発見を成し遂げました。クォークや電子などのフェルミオンを、矛盾なく超弦理論に組み込む方法を発見したのです。これによって、超弦理論が素粒子の最終的な模型になる見通しが立ちました。

さらにその数カ月後には、六つの余剰次元をどう考えればいいのかもわかりました。六次元を小さな空間に丸め込むことで、通常の三次元空間を除く余剰空間が見えなくなるメカニズムが明らかになったのです。しかもその設定のもとで、素粒子の標準模型を超弦理論から導く目途が立ったのです。

先ほどお話ししたように、超弦理論には二つの余計なものがありました。一つは、実験では見つかっていない奇妙な粒子。これは、米谷やシェルク、シュワルツによって、重力子であることがわかり、超弦理論が重力理論になるための重要な要素でした。もう一つは、六つの余計な次元。一九八四年の発見によって、この余計だと思われていた次元が、さまざまな素粒子やそのあいだの力を統一するために役に立つことがわかったのです。

これは、超弦理論にとって爆発的な進歩です。一九七四年の段階でシュワルツが主張していたとおり、それが「究極の統一理論」になる可能性が、素粒子論の主流として真剣に検討されるようになってきたのです。そのため私たち研究者のあいだでは、この一九八四年の発見は「第一次超弦理論革命」と呼ばれています。

## 小さな空間に六つの余剰次元が丸め込まれている!?

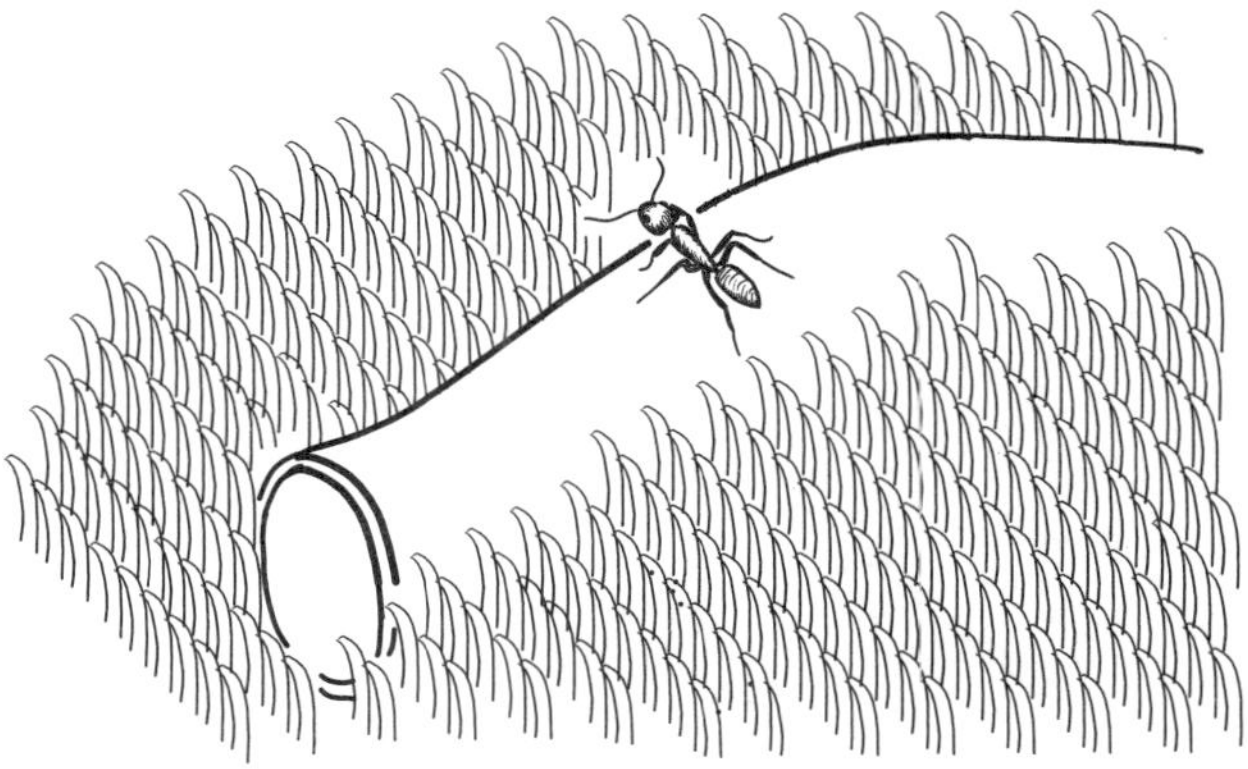

[図40]アリにとっては、ホースの表面は2次元。

ここで、「余剰次元」のことを説明しておきましょう。「六つの余剰次元が小さな空間に丸め込まれているので見えない」と言われても、日常的な感覚ではどう理解していいかわかりません。

フラットランドの話でもわかるように、私たちは自分たちの三次元空間よりも次元の高い空間のことをイメージできませんが、低い次元の空間のことは想像できます。そこで、一次元空間と二次元空間のことを考えてみましょう。

図40のように、庭に水をまくのに使うホースの上をアリが這い回っていると思ってください。アリにとって、ホースの表面は「縦」にも「横」にも行ける二次元空間です。

しかし、図41のように、どこからか鳥が飛んできてホースの上に止まったとしたら、どうで

［図41］鳥にとっては、ホースは1次元。

しょうか。鳥の足はホースの太さよりも大きいので、縦方向にしか移動できません。アリの位置は縦・横の二つの情報で決まりますが、鳥の位置は一つの情報で決まります。つまり、アリにとっては二次元空間のホースが、鳥にとっては一次元空間にしか見えない。一次元のホースに縦に沿ってしか移動できない鳥には、横方向という「余剰次元」が感じられないのです。

では、その余剰次元はどんな形になっているでしょう。ホースは円筒形ですから、鳥の立っている「点」はどこを切っても「円」になっています。それと同様、私たちの三次元空間に余剰次元があれば、私たちには見えない方向に「円」があるでしょう。それが観測できないほど小さいので、私たちには見えません。つまり私たちにとって六つの余剰次元は、鳥にとっての「ホースの厚み」のようなものなのです。

　実は、こうした余剰次元を使って自然界の「力」を考える理論は、超弦理論より前にもありました。重力と電磁気力を統一するための理論です。

　今日では、自然界には、重力と電磁気力のほかに、素粒子のあいだに働く「強い力」と「弱い力」があると考えられています（この二つの「力」の名前は、何とかならないものかと思いますが、もう半世紀以上使われている用語なので仕方ありません）。そこで、「力の統一」というと、重力、電磁気力、強い力、弱い力の「四つの力」を一つの法則で説明することを意味します。しかし、「強い力」と「弱い力」の存在が知られなかった時代は、自然界で働く「二つの力」を統一することが、物理学者にとって大きな目標でした。マクスウェル理論では電気と磁気が統一されましたから、次はその電磁気力と重力を統一できるだろうと考えるのが自然な流れでしょう。

　それを「四次元空間」を考えることで果たそうとしたのは、テオドール・カルツァとオスカー・クラインの二人です。マクスウェルの電磁気理論もアインシュタインの一般相対論も、たまたま私たちが三次元空間にいるのでそれを説明するために使われていますが、実のところ、その方程式は次元を選びません。空間が三次元より多くても少なくても、その方程式を使えば計算はできます。だから「フラットランドの重力理論」も考えることができましたし、もし四

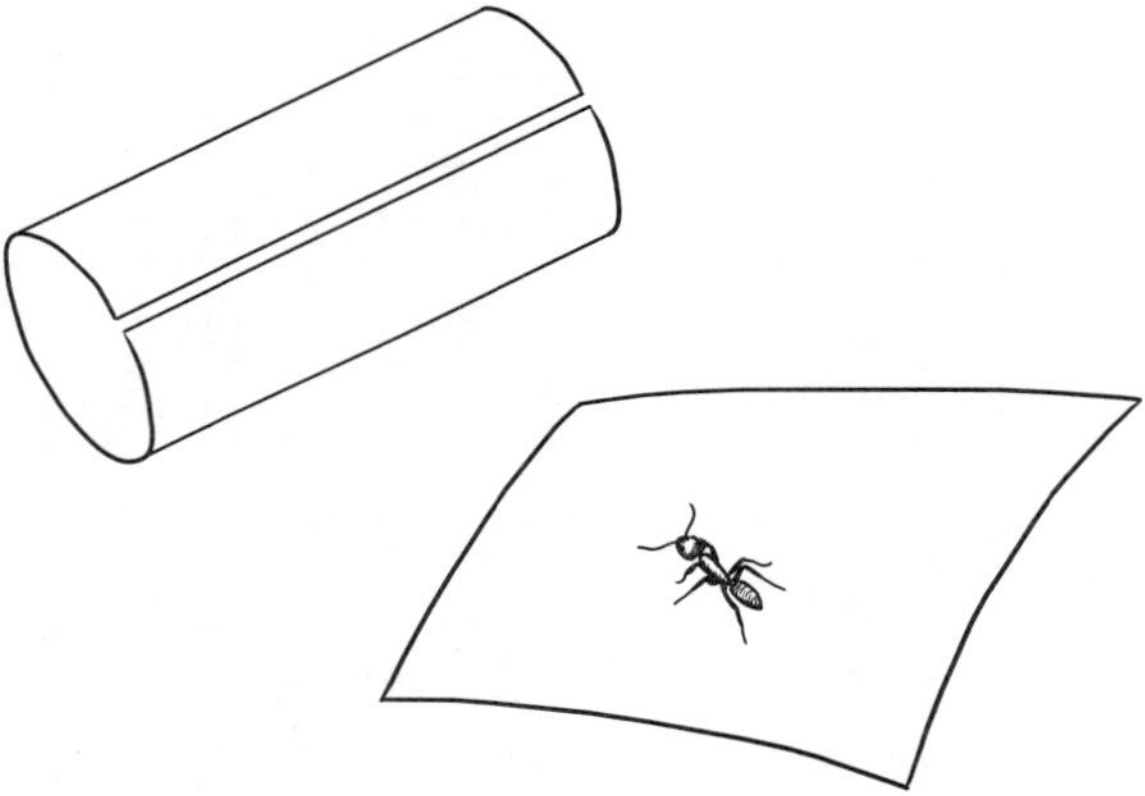

［図42］ホースを縦方向に切り開くと、平面になる。

次元空間の住人に一般相対論を教えれば、彼らもそれをそのまま使うことができるでしょう。

さて、先ほどの「鳥にとっての余剰次元」は、横方向に「見えない円＝○」がありました。これは「一次元×○」と表現することができます。ホースを縦方向の直線に沿って切り開いたものを考えてみてください（図42）。開いたものは長方形になります。その両端の直線（一次元）を貼り合わせると、鳥の止まっている円筒になる。つまり「円筒＝一次元×○」ということです。

では、「二次元×○」はどうなるでしょうか。これは、いわば二次元に生きるアリにとっての余剰次元です。全体でも三次元ですから、私たちには想像することができる空間です。「一次元×○」では長方形の両端を貼り合わせると円

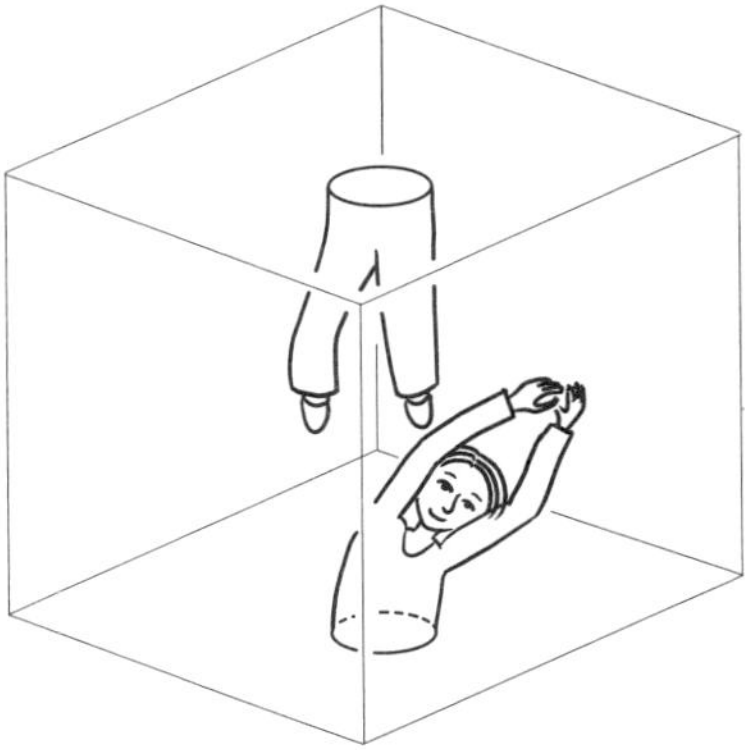

[図43]**3次元の部屋の床と天井を貼り合わせると、「2次元×○」になる。この部屋では、天井よりも上に行こうとすると、床から出てくることになる。**

筒になりましたが、今度は直方体の部屋を考え、その天井と床をくっつけてみましょう。私たちがそのような部屋に入れられているとすると、天井と床が近ければ二次元方向にしか動けません。天井と床が貼りついているので、高さの方向は○になっています。これが「二次元×○」というわけです(図43)。

そしてカルツァ＝クライン理論では、三次元空間に一つ余剰次元を加えた空間を「三次元×○」と考えました。私たちの空間には余剰次元があって、それが小さい○になっている。その四次元の空間で一般相対論を考えて、それを三次元の空間に住む私たちの立場で観測すると、そこには重力と電磁気力の両方が含まれることに彼らは気づきました。晩年のアインシュタインは重力と電磁気力の統一に心血を注いだものの、それを果たすことができませんでしたが、科学史家の研究によれば、最後はこのカルツァ＝クライン理論を発展させようとしたとのことです。

## 標準模型の説明に必要な道具立てがすべて揃った

その余剰次元が、超弦理論では六つに増えました。「三次元×○×○×○×○×○×○」と六つの次元が丸め込まれているわけですが、これが役に立ちました。先に説明したように、自然界には重力と電磁気力のほかに、素粒子のあいだに働く「強い力」と「弱い力」があります。この「四つの力」を一つの法則で説明することが「力の統一」の目標です。グリーンとシュワルツの発見に端を発した「第一次超弦理論革命」の最初の数カ月のあいだに、六つの余剰次元を使うと、この「四つの力」が一つの法則で記述できる可能性が明らかになりました（後で説明しますが、この六次元は「○×○×○×○×○×○」よりももっと複雑な形になっているだろうと考えられています）。

この理論が登場する以前にも、カルツァ＝クライン理論を一般化する形で自然界の力を統一しようとする試みがなかったわけではありません。しかし、それは主に二つの理由からうまくいきませんでした。

一つは、高次元の理論は量子力学との相性が悪く、計算に無限大が出てきてしまうことです。

先ほどもお話ししたとおり、マクスウェルの電磁気理論と量子力学の統一では辛うじて「くりこみ理論」によって無限大の問題を克服し、意味のある計算ができるようになりました。しかし、そこには「三次元空間では」という但し書きがつきます。四次元以上の空間になると、もっとタチの悪い無限大が出てきてしまい、くりこむことができません。高次元では量子電磁気学が成り立たないのです。

電磁気力でもそうなのですから、重力となるとなおさら難しくなります。三次元空間でも電磁気力よりタチの悪い無限大が生じて「くりこみ理論」が通用しないのですから、高次元になると、もう手も足も出ません。

高次元の理論が量子力学と相性が悪いなら、六つもの余剰次元を考える超弦理論も無限大の壁にぶつかりそうです。しかし、この理論にかぎっては、最初からその心配がありません。なぜなら、力の働きを量子化したときに無限大が生じるのは、素粒子が「点」だからです。

たとえば、電荷を持った粒子のあいだに働く電磁気力は、二つの粒子の距離の二乗に反比例するので、近づくとどんどん大きくなります。量子力学ではすべての可能な経路を考えるので、二つの粒子がぴったりくっついた場合も計算にいれなければならない。そのときには、電磁気力は無限大になって意味を持たなくなります。空間が三次元のときには、この無限大は「くりこみ理論」で対処できますが、高次元になると問題はさらに深刻です。二つの粒子のあいだの力は、空間が四次元なら距離の三乗、五次元では距離の四乗に反比例するので、より急速に大きくなってしまい、それに由来する無限大をくりこむことができなくなるのです。

ところが、超弦理論の基本単位である「弦」には一次元の広がりがあるので、力の源も一次元に沿って分散されます。そのため、二つの弦が近づいても、点粒子の場合のような無限大は起きません。どんな物理量を計算しても、最初から有限の値が答えとして得られるのです。したがって無限大とは無縁であり、それを苦労してくりこむ方法を考える必要もありません。高次元の理論であるにもかかわらず、きわめて例外的に量子力学との相性がいいのです。

もう一つ、従来の統一理論候補がうまくいかなかった理由は、素粒子の標準模型を説明するのに必要な材料を揃えられないことでした。物質粒子のクォークや電子、四つの力を伝えるボソンのほか、物質に質量を与えるシステムとして予言されているヒッグス機構など、標準模型にはさまざまな要素がありますが、それを部分的に説明することはできても、ひと揃いまとめて扱う理論を作るのは非常に難しかったのです。

しかし超弦理論は、シュワルツの粘り強い研究の結果、それをすべて取り込むことができました。とくに重要なのは、「パリティの破れ」という問題を克服したことです。

先ほども出てきましたが、パリティとは、右と左を入れ替える対称性のことです。物理学の世界では、どんな現象についても、それを鏡に映したように右左入れ替えた現象も、同じ法則にしたがうと考えられていました。

しかしミクロの世界では、その対称性が完全には成り立ちません。素粒子のあいだの「弱い力」が関わる物理現象では、ほんのわずかですが、パリティ対称性が破れることがわかったのです。つまり、自然界は「右と左を区別する」ということにほかなりません。

このパリティの破れを超弦理論に取り込むのは、至難の業だと思われていました。たとえば、無理やりパリティの破れを取り入れて計算すると、量子力学的な確率が「負」の値になったりするのです。ある粒子がある位置に存在する確率が「マイナス五〇パーセント」と言われても、そこには何の意味もありません。

もちろんシュワルツにとってもこれは大問題で、パリティの破れを超弦理論に組み込むのに一〇年かかったと言っても過言ではないほどです。一九八四年に発表されたグリーンとシュワルツの論文によって、超弦理論はようやく標準模型の説明に必要な道具立てをすべて揃えることができたのです。

## 六次元空間の計算に使える「トポロジカルな弦理論」

当時の研究者たちにとって、それは奇跡的なことだと思えました。最初からそこを目指していたわけではないのに、たまたま最高の形であらゆるパーツが揃っていた。そのため多くの研究者が「これが最終解答に違いない」と考え、超弦理論に惹かれていったのです。

私自身もそうでした。ここで少し個人的な話をしておくと、グリーンとシュワルツが第一次超弦理論革命を起こした一九八四年は、ちょうど私が大学院に進んだ年です。まだ電子メールもウェブサイトもない時代だったので、彼らの論文が船便で届くのに三カ月もかかりました。スタートダッシュで三カ月も後れを取ることになるので、焦りを感じたのを覚えています。

その年の冬には、プリンストン大学とカリフォルニア大学サンタバーバラ校の物理学者が、六次元空間の幾何学から、素粒子の標準模型を導き出す道筋を示す論文を共同で発表しました。余計だと思われていた六次元の空間が、素粒子模型の秘密を握っていたというのです。私はまだ大学院の一年生でしたが、京都大学の基礎物理学研究所の研究会でこの論文の紹介をするように依頼されました。予定時間を二時間超過しても語りつくすことができず、ついに警備員に会議室の暖房を切られてしまいました。所長のご厚意で、研究所で唯一独立した暖房設備のあった所長室を開けていただき、二〇人ぐらいがすし詰めになった部屋で深夜まで議論を続けたことを覚えています。そのとき私は、直接には見ることのできない空間の性質の中に、自然界の法則が書き込まれている可能性があることを、実に美しいと感じました。

それでこの分野を自分の主戦場にしようと決めたのですが、なにしろ六次元の幾何学は発展途上なので、一筋縄では理解できません。とくに、超弦理論に使われる「カラビ＝ヤウ多様

[図44]ベルシャドスキー、チェコッティとバッファ。「トポロジカルな弦理論」を開発した仲間です。

体」と呼ばれる六次元空間では、二点間の距離をどうやって測るかという単純なことさえわかっていなかったのです。

「距離も測れないような空間を使って、いったい何から始めるつもりだ」

修士課程を終えて東京大学の助手になったとき、のちにノーベル賞を受賞したデイビッド・グロスにもそんなことを言われました。

とはいえ、これだけ魅力的な理論を前にしてじっとしているわけにはいきません。それ以降、距離の測り方さえわからない六次元空間から、いったいどうしたら私たちの三次元の素粒子の性質を導き出すことができるのかを考え続けました。そして、一九九二年から一九九三年にかけてハーバード大学に滞在していたときに、向こうで出会った三人の研究者と共に、その一部を厳密に計算する方法を開発することができたのです。共同研究した

［図45］上の2本のひもはほどけるが、下の2本のひもは切らないとほどけない。

のは、ロシア人のミハイル・ベルシャドスキー、イタリア人のセルジオ・チェコッティ、イラン人のカムラン・バッファ、そして日本人の私という、国際色豊かなチームでした。

そこで使ったのは、トポロジー（位相幾何学）の手法です。トポロジーとは、連続的に変化させれば同じ形になるものを区別せず、「同じ形」として理解する幾何学のこと。たとえば取っ手のあるコーヒーカップとドーナツはどちらも「穴」が一つあるので、連続的に変形させれば同じもの（＝トポロジーが同じ）になります。

ここで、四種類のひもを見てみましょう（図45）。上の二本のひもは連続的に変化させればほどけますが、下の二本のひもは切らなければほどけません。実は最近、トポロジーの分野では大きな進展があり、ひもを実際にいじらなくても、それがほどけるかどうかを見ただけで判定できる手法ができました。具体的な形がよくわからなくても、その仕組みは計算できるのです。

第四章の最後に登場したペンローズが、ブラックホールの特異点の存在を証明したときに使ったのもトポロジーの手法でした。アインシュタイン方程式を直接解かなくても、解の性質がわかったのです。

私たちが開発した計算方法も、それと似たところがあります。私たちは、三次元空間の素粒子の性質の中に、六次元空間の距離をどうやって測っても変わらない物理量があることを見つけたのです。つまり、距離の測り方を知らなくても、ある量に関しては計算ができるようになったのです。

この方法は「トポロジカルな弦理論」と呼ばれています。やや誤解を招きそうな名前ですが、これ自体は物理の理論ではなく、超弦理論に使える計算方法の一つです。超弦理論の発展に必要な「道具」を開発したと思ってもらえればいいでしょう。とはいえ、これを考えた当初は、具体的にどんな問題に役に立つのかは、はっきりとはわかりませんでした。

私はその後も一〇年近く、この問題を考え続けました。その間にトポロジカルな弦理論のいろいろな計算方法を開発しました。たとえば、先ほどお話しした「ほどけるかどうかを見ただけで判定できる手法」も、一九九九年に私がバッファと共同で開発した方法と深い関係があります。こうした一連の研究の結果、この道具がホーキングの提示したある問題の解決に使えることがわかりました。それが、次の章で取り上げる「ブラックホールの情報問題」です。これは、重力理論と量子力学を統一する上で、避けては通れない大問題でした。

# 第七章　ブラックホールに投げ込まれた本の運命

## ――重力のホログラフィー原理

## 粒子のエネルギーが「負」になると何が困るのか

第四章で紹介したホーキングの「デビュー戦」のことを覚えているでしょうか。ペンローズとタッグを組んだホーキングは、初期宇宙に特異点があったことを証明し、そこでアインシュタイン理論が破綻することを明らかにしました。そのホーキングが次に手掛けた大問題が、これからお話しする「ブラックホールの情報問題」です。

これは、かつてホイーラーが唱えた「急進的保守主義」の典型的な実践例と言えるでしょう。理論を極限状況に当てはめて、壊れるまで使ってみる手法です。ホーキングは、一般相対論と量子力学に手を加えることなく、そのままブラックホールに当てはめると何が起こるかを考えました。その結果、驚くべき事実が明らかになったのです。

ホーキングの思考実験を説明する前に、まず、アインシュタイン理論における「時間」と「空間」についてあらためて考えておきましょう。

相対論では、時間と空間を同等に扱います。それぞれ独立した概念ではなく、時間と空間を合わせた「時空」に、(三次元空間なら) 縦・横・高さ・時間という四つの方向があると考える。

ただし時間と空間は、まったく同じものではありません。そこには、本質的な違いもあります。たとえば私たちは、空間を右に移動してから左に戻ることができますが、時間の方向を逆に進むことはできません。過去から未来に進んでから、過去のほうへ戻ることはできない。きのう食べたものは覚えていますが、あした食べるものは覚えていないのです。

この違いは、「エネルギー」と「運動量」にも当てはまります。相対論では、時間と空間をまとめて時空間と考えるように、エネルギーと運動量も組にして考えます。エネルギーとは、いわば「時間方向の運動量」のようなものです。しかし、時間と空間が微妙に異なるように、エネルギーと運動量にも違う性質があります。

たとえば右方向に時速一〇〇メートルで走っている物体は、左方向に時速マイナス一〇〇メートルで走っているのと同じこと。運動量は「質量×速度」ですから、その値は「正」と「負」の両方を取ることができます。一方で、エネルギーは常に「正」でなければいけません。実際、質量が m の粒子は、静止していても $mc^2$ のエネルギーを持っているので、質量が正であるかぎり、そのエネルギーも正です。

ここで、量子力学の「真空」の話を思い出してもらいましょう（189ページ）。もしエネルギーが「負」の値を持つ粒子があったとすると、そこで困ったことが起こります。

量子力学では、真空中で粒子が対生成と対消滅を起こしていると考えます。真空からエネルギーを一瞬だけ借りて粒子を作り、消えることでエネルギーを返す。「$E=mc^2$」の式によって、エネルギーが質量になり、質量がエネルギーに転換されるわけです。質量は常に「正」の値を持ちますから、当然、粒子のエネルギーも「正」。だからこそ、対生成した粒子は対消滅することになります。何もないところに、正のエネルギーを持つ粒子が対になって生まれたので、そこではエネルギーが増えています。これはエネルギー保存則に反するので、対生成した粒子は、不確定性原理で許される制限時間内に、対消滅しなければなりません。つまり粒子が「正」のエネルギーを持っているからこそ、対生成が起きても真空は安定した状態を保てるのです。

では、もし対生成した粒子の一方が「負」のエネルギーを持っているとしたら、どうなるでしょうか。粒子同士で「正」と「負」のエネルギーが相殺されるので、対消滅しなくてもエネルギーの保存則が保たれます。真空に「借金」を返す必要がないので、対生成したまま、エネルギーを持って別々の方向に逃げ去ってもかまいません。消えない粒子が次から次へと生まれるのですから、それはもはや「真空」とは呼べないでしょう。つまり、真空が壊れてしまう。真空の安定を保つには、粒子のエネルギーが「負」の値をとらないことが重要なのです。

## ブラックホールの中ではエネルギーが「負」になってしまう

実際、平坦な空間の中では、粒子のエネルギーは常に正の値をとります。これが真空の安定性を保証しているのです。ところがホーキングは、ブラックホールがあると、その状況が変わることに気づきました。ブラックホールの中に落ちた粒子は負のエネルギーを持つことができるので、対生成した粒子か反粒子のどちらかがブラックホールの中に落ちれば、対消滅を起こさなくても、エネルギーの保存則を守ることができるようになるのです。これからその理由を説明しますが、つまずきそうになったら、この次の「ブラックホールが蒸発する『ホーキング放射』とは？」の節（２３８ページ）まで読み飛ばしてくださってても結構です。

前に、ブラックホールに近づくほど、その時間は遠くにいる観測者から見て遅れていくという話をしました。遠くの観測者から見た時間の流れの様子を矢印で表したのが、図46です。

縦軸はその場所にいる人が実際に感じる時間、横軸は空間です。空間はもちろん三次元ですが、ここではブラックホールからの距離だけを表示しました。中央の四五度の線は事象の地平線で、その左上側がブラックホールの内部です。図の右端に行くと、ブラックホールから離れるので、重力は弱くなり、時間はふつうに流れます。いちばん右の矢印が真上を向いているということは、じっとしている人にとっては、空間方向の位置は変わらず、時間だけが過去から未来に刻々と経っていくということを表しています。

ところが、ブラックホールに近づくにつれ、矢印が空間方向に傾いていきます。矢印の方向に進むと、時間が経過するだけでなく、空間方向にも移動します。これは速度があるというこ

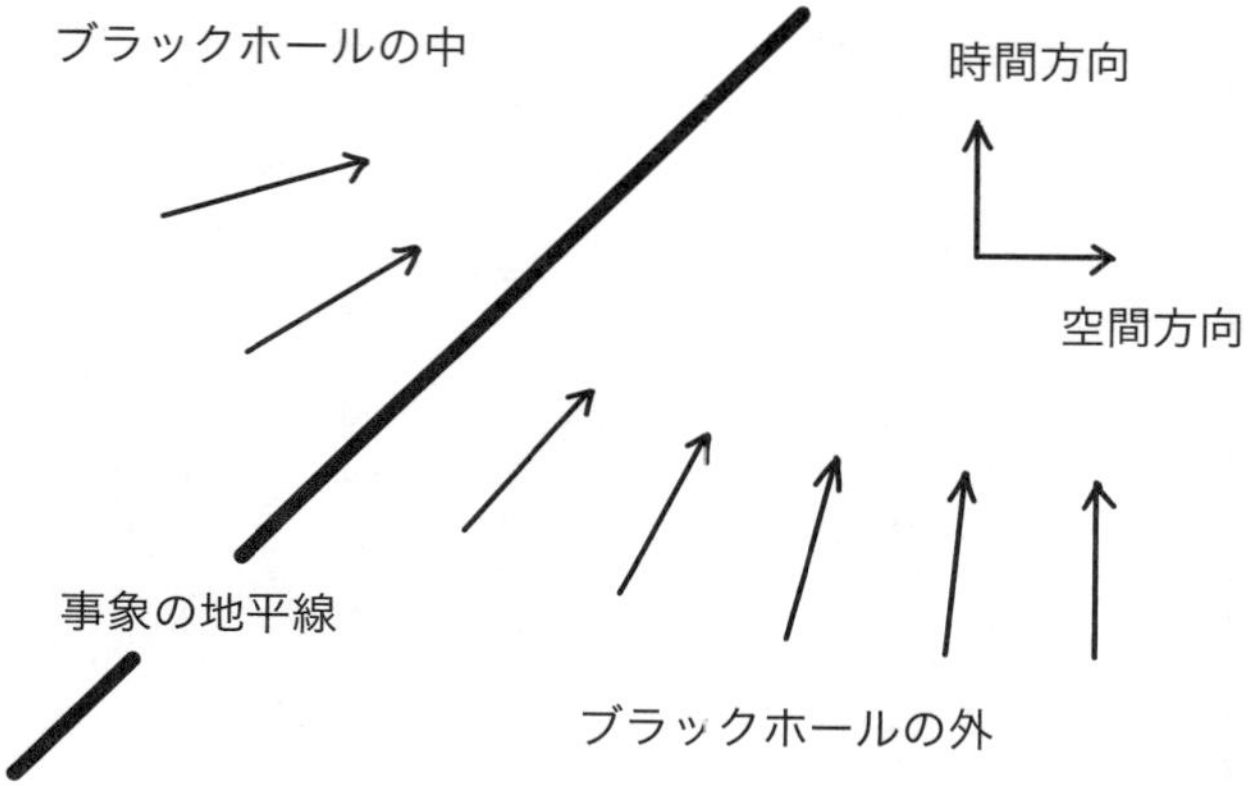


［図46］**ブラックホールの中では、時間の流れが空間方向を向く。**

とです。矢印がどんどん傾いていくということは、速度が速くなっていく、つまり、加速度があるということです。アインシュタインの「最高のひらめき」によると、加速度があるということは重力があるということと同じ。この図では、矢印が傾いていくことで、加速度が大きくなっていく、つまり重力が強くなってくることを表しています。

ところで、一般相対論によると、速度が速くなると、時間も遅れるはずです。ブラックホールに近づくにつれて、矢印が空間方向に傾いて、速度が速くなってくるので、時間が遅れてきます。第四章の「事象の地平線」をめぐる思考実験（130ページ）で、ブラックホールの探索に出かけた私の時間が遅れて、メールの送信が滞るように見えるということも、矢印の様子から見て取ることができます。

やがて事象の地平線に到達すると、この速度がちょうど光速になります。この図では、光速は四五度の傾きで表されています。光速まで加速されると、時間の遅れが極限まで起きて、「時間がまったく進まない状態」になります。時間が空間方向に「寝た」ことで、進まなくなってしまう。ブラックホール探検に出かけた私が、事象の地平線で止まったように見えるのも、このためです。

さらに、事象の地平線を越えてブラックホールの内側に入ると、もはや遠方の観測者の視界からは消えてしまいます。これは、矢印がさらに空間方向に傾くので、光速を超えてしまうことからもわかります。矢印が超光速で走っているので、そこから発せられた信号は、遠方にいる観測者に届かないのです。では、このときエネルギーはどうなっているでしょう。

この章の冒頭で、相対論では時間と空間が組になっているように、エネルギーと運動量も組になっているという話をしました。エネルギーとはある意味で「時間方向の運動量」なのです。そこで、ブラックホールの外で時間方向の流れだと思っていたものが、事象の地平線を越えると空間方向に寝てしまうような事態が起こると、エネルギーが運動量のような振る舞いを始めます。運動量は空間を右にも左にも進めるので、その値は「正」にも「負」にもなる。したがって、ブラックホールの内側に入った粒子のエネルギーは、負の値も持つことができるようになるのです。

## ブラックホールが蒸発する「ホーキング放射」とは?

ここでホーキングは、こんなことを考えました。図47のように、事象の地平線の近くで粒子の対生成が起き、そのうちの一つがブラックホールの側に落ちたら、どうなるか——。

事象の地平線の内側に落ちた粒子は負のエネルギーを持つことができるので、そのままでもエネルギー保存則には反しません。したがって、地平線の外側にいる粒子と対消滅を起こす必要がない。地平線の外にいるかぎりは脱出速度が光速より遅いので、残された粒子は、エネルギーさえ十分にあれば、ブラックホールの重力に逆らって、正のエネルギーを持ったまま飛び去ることができるのです。

これは、「真空の崩壊」にほかなりません。具体的には、これによってブラックホールそのものが「蒸発」することになります。なぜなら、負のエネルギーを持つ粒子がどんどん入ってくれば、その分、ブラックホールはエネルギーを失って痩せていくでしょう。それは、あたかもブラックホールが粒子を放出して痩せていくように見える。これを「ホーキング放射」と言います。この放射によって、ブラックホールは徐々に質量を失っていき、最後は蒸発したように消えてしまう。一般相対論と量子力学をブラックホールに当てはめることで、ホーキングは

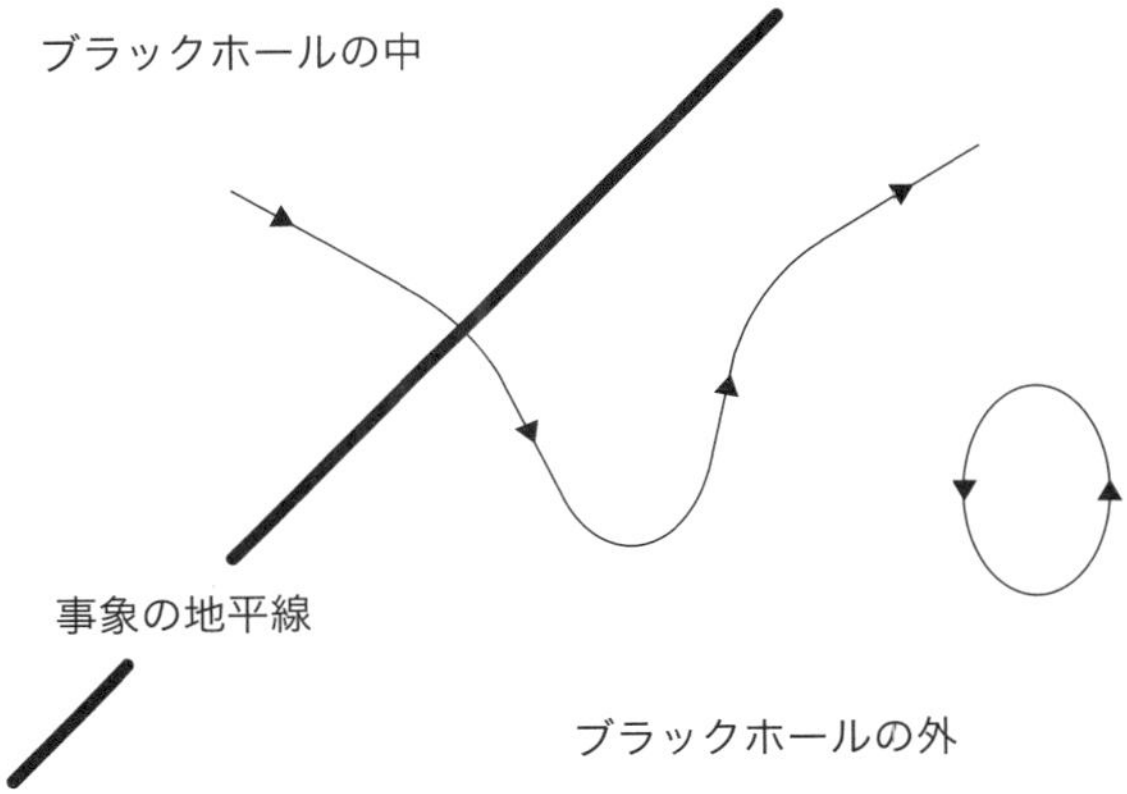


[図47] **対生成でできた粒子もしくは反粒子が、負のエネルギーを持ってブラックホールの中に落ち込むことで、ホーキング放射が起きる。**

そんな驚くべき結論に達したのです。

## ホーキング理論を裏づける宇宙背景放射の「ゆらぎ」

とはいえ、ブラックホールのホーキング放射はまだ観測されていません。しかしホーキングの理論の正しさを裏づける観測結果はあります。

この現象は、ビッグバンの「残り火」であるマイクロ波の「ゆらぎ」と同じ仕組みなのです。

ガモフが予言し、ペンジアスとウィルソンによって偶然発見されたマイクロ波は、宇宙の全方向から届くため、「宇宙マイクロ波背景放射」と呼ばれています。しかし、これは宇宙全体に完全に均等に広がっているわけではありません。そこには、一〇〇万分の一程度のわずかな「ゆらぎ」があります。図48はNASAの宇宙探査機WMAPによる、ゆらぎの観測結果です。

　このゆらぎの起源は、宇宙誕生の瞬間にありました。

　現在の宇宙論では、ビッグバンの直前に、宇宙が「インフレーション」と呼ばれる急膨張をしていたという考えが主流です。この理論は、一九八一年、日本の佐藤勝彦とアメリカのアラン・グースがそれぞれ独立に提唱しました。

　それは体積が倍々ゲームで増えていく指数関数的膨張であり、一〇のマイナス三六乗秒からマイナス三三乗秒という短時間のうちに、宇宙が一〇の七八乗倍にも膨れあがったと言います。このインフレーションによって、それに続くビッグバンの初期条件が決まりました。

　なにしろ短時間でそれほどの膨張を起こしたのですから、その速さは光速を上回ります。すると、前にお話ししたとおり、光の届かない「宇宙の地平線」ができる。ブラックホールの事象の地平線と同じです。その近くで粒子が対生成すれば、やはり一方が負のエネルギーを持ったまま地平線の向こうに飲み込まれ、こちら側には正のエネルギーを持つ粒子が残されるでしょう。

　この粒子たちが、宇宙空間に微妙な「シワ」を作りました。それが急膨張によって宇宙全体に広がったため、ビッグバンの「火の玉」にも温度の微妙なゆらぎが生じます。このゆらぎが宇宙全体と共鳴することで、その「火の玉」の名残である宇宙マイクロ波背景放射にも一定の

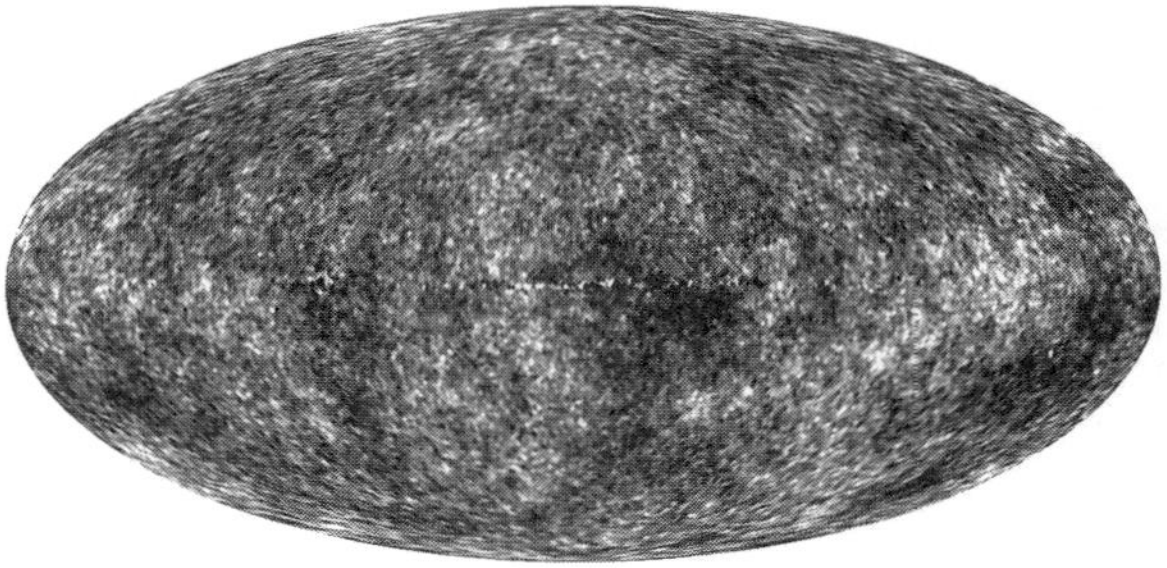

[図48]宇宙マイクロ波背景放射のゆらぎ　©NASA

ゆらぎが残る――ブラックホールの蒸発に関するホーキングの理論とインフレーション理論を組み合わせると、そのゆらぎの高低がどの程度になるのかも予測できました。そして、人工衛星を使った天文観測の結果、宇宙マイクロ波背景放射のゆらぎはその予測値にピタリと合致していたのです。

佐藤とグースのインフレーション理論には「検証ができない」という批判もありましたが、この観測結果はその理論を裏づけるものになりました。それに加えて、これがブラックホールの蒸発と類似の現象であることから、ホーキング放射のロジックが正しいことも確かめられました。それまで、一般相対論と量子力学は別々に検証されてきましたが、ここで初めて両者の組み合わせから生まれた予言が検証されたのです。その点でも、宇宙マイクロ波背景放射の観測はきわめて重要な意味を持っていました。マイクロ波のゆらぎを観測したＣＯＢＥ探査機実験のリーダーであったジョン・マザーとジョージ・スムートは二〇〇六年にノーベル賞を受賞しています。

ちなみに、この「ゆらぎ」は私たちの存在を考える上でも大きな意味を持っています。宇宙のゆらぎによって空間に濃淡が生まれ、密度の高いところに物質が集まって星や銀河になったと考えられるからです。

つまり初期宇宙のゆらぎが星の「タネ」になったということです。それがなければ星は生まれず、したがって私たち人類も生まれていなかったでしょう。私たちの存在は、ビッグバンより前に生じた「量子的ゆらぎ」に由来するのです。

## ブラックホールに投げ込んだ本の中身は再現できるのか

さて、ホーキング理論の正しさは観測によって検証されましたが、だからといって喜んではかりはいられません。むしろ、これはきわめて厄介な問題を新たに生じさせる結果になりました。それも、重力理論や素粒子論の専門家だけを悩ませるレベルの話ではありません。あらゆる科学の基礎を揺るがすほどの重大な危機が訪れたのです。

物理学であれ化学であれ生物学であれ、自然科学の基礎には「因果律」があります。宇宙の現在の状態を知っていれば、自然法則によって未来に起こることはすべて原理的に予言できる。

また過去の状態も、現在の状態から導き出すことができるという考え方です。これがベースになければ、科学は成り立ちません。

なかには「量子力学の不確定性原理によって因果律は過去の遺物になった」とする説もあるようですが、それとこれとは話が違います。たしかに不確定性原理では、粒子の位置と速度は同時には決められませんが、その量子力学でも、たとえば電子の波の状態は因果律にしたがって時間発展します。そこから位置や速度など、私たちに観測できる情報を引き出す際に不確定性があるというだけで、波の発展の仕方そのものは因果律に少しも反しません。量子力学の確立以降も、因果律は科学の基礎なのです。

その因果律を、ブラックホールのホーキング放射がどのように揺るがすのでしょうか。ここでは、因果律をわかりやすくするために、多くの情報の詰まった「本」を使って考えます。

レイ・ブラッドベリの小説『華氏451度』（ハヤカワ文庫NV）に描かれている社会では、本の所持が禁じられ、すべての本は「ファイアマン」と呼ばれる係員によって、華氏四五一度（紙が燃え始める温度）で焼却されます。

しかし燃焼の過程は通常の物理法則にしたがうので、原理的には時間反転が可能です。ここで、第四章の冒頭でブラックホールの存在を予言したラプラスに再登場してもらいましょう。ラプラスは、因果律を説明するために次のようなことを考えました。もし超人的な情報収集力と計算力を持っていれば、本が燃えてしまったとしても、焼却に使った炎から放射された物質や残った本の灰を完璧に記録し、その状態に物理法則を当てはめてビデオテープを巻き戻すように過去の状態を導出することで、本の内容を再現できるはずだ。このような仮想的な超人のことを、「ラプラスの悪魔」と呼びます。

では、『華氏451度』のファイアマンが、不法所持者から没収した本をブラックホールに投げ込んだ場合はどうか。このときブラックホールの質量は本一冊分だけ増えます。しかし、ブラックホールはホーキング放射によってエネルギーをどんどん失っているので、本の分の質量もやがては失われ、元の質量に戻ってしまいます。本の質量は、ホーキング放射によって散逸してしまったのです。次に別の本を投げ入れても、本の質量が同じなら、そこから返ってくるホーキング放射の中身は前の本のときと何も変わりません。ホーキングの計算によれば、ブラックホールの放射は正確な熱分布であり、質量だけで決まるからです。

そのため、ブラックホールに投げ入れられたものの情報は完全に失われてしまいます。ホーキングの計算によると、ブラックホールからの放射を（本の灰を集めて分析するように）すべて観測しても、過去にどちらの本を投げ入れたのかが判別できず、したがってその情報を再現することができません。これは因果律に反している――これがホーキングによって提出された「ブラックホールの情報問題」です。

ホーキングは、一般相対論と量子力学にまったく手を加えることなしに（二つの理論に矛盾もないと仮定して）、この計算を行いました。その場合、ブラックホールからの放射には何の情報も含まれていないように見える。実際には、この二つの理論は同時に使うと無限大の問題に直面して破綻します。にもかかわらず、あえて両方をそのまま使ったのは、まさに急進的保守主義の手法と言えるでしょう。想定外の状況で使ったら、因果律に反する結果が出た。これを乗り越えるには、相対論と量子力学を乗り越える新しい理論が必要だ――というわけです。

その「新しい理論」の第一候補が超弦理論であることは、言うまでもありません。もし超弦理論が相対論と量子力学を統一する理論であるならば、この難問への解答を出せるはずでしょう。つまりこの「ブラックホールの情報問題」は、ホーキングから超弦理論に突きつけられた挑戦状のようなものなのです。

## 一〇の「一〇の七八乗」乗もの状態は果たして可能か

では、この問題に超弦理論はどう答えるのでしょうか。

投げ込まれた本を再現するためには、ブラックホールが本の内容を憶えている必要があります。そこで、まずはブラックホールにどれだけの情報が書き込めるのかを考えてみましょう。

一般的に言って、どれだけの情報が書き込めるかは、「状態の数」がどれだけあるかによって決まります。たとえば、コンピュータの磁気記憶装置は、情報を磁性体の磁化のパターンに変えて記憶します。このときには、記憶できる情報の量は、磁化のパターンの数で決まります。このパターンの一つひとつを、記憶装置の状態と考え、パターンの数を「状態の数」と呼ぶのです。

私の自宅の机には、いつも本や書類が山積みになっています。それでも私にはどこに何があるかわかっているので、問題はありません。妻に「先月の電話代の請求書はどこにあるの」と問われれば、即座に取り出すことができます。しかし妻には、収拾のつかないデタラメな状態にしか見えないでしょう。

もしそこに一〇冊の本があるとすれば、それを積み重ねる方法は、なんと約三六〇万通りもあります（信じられない人は、一〇×九×八×七……×二×一を計算してください）。机の上の本は一〇冊どころではありませんから、実際の「状態の数」は天文学的な数字になります。自分で積み重ねた私にとって、いまの状態はほかの状態とは異なる意味を持っていますが、妻にとってはどういう順番で積み重ねようが、「デタラメ」という名の一通りにしか見えません。

私の机の上でさえそうなのですから、自然界にははるかに多くの状態の数があります。たとえば、一気圧で摂氏零度の空気には、一立方センチメートルあたり二七〇〇京個もの分子があります。それをどう並べようが私たちには同じ空気にしか見えませんが、その中の分子一つひとつの正確な状態を考えると、空気全体には気が遠くなるほど膨大なパターンがあることがわかります。マクロで見れば一通りにしか見えない状態でも、ミクロで見れば非常に多くの「可能な状態」があるのです。

では、ブラックホールはどうでしょう。

一般的に、可能な状態の数はエネルギーを上げると増えます。エネルギーが高いほど粒子の動きが活発になるからです。そのため通常の物理法則では、エネルギーを増やしたときに可能な状態の数がどのくらい増えるかで「温度」が定義されます。

ホーキングは、ある質量のブラックホールが発熱したときに温度がどうなるかを計算によって示しました。$E=mc^2$によって質量はエネルギーと同等なので、もし、ブラックホールの温度が通常の物理法則にしたがっているなら、ホーキングの公式を使って、その状態数を逆算することができるはずです。ブラックホールには「可能な状態」の数が膨大にあり、質量が増えれば状態の数も増えることになります。

その前提で計算した場合、ブラックホールにはどれほどの状態が可能なのか。たとえば星の重力崩壊によって生まれるブラックホールの質量は、およそ一〇の三一乗キログラム。それにホーキングの公式を当てはめると、ブラックホールには、一〇の「一〇の七八乗」乗という膨大な状態数があることになります。一〇の七八乗だけでも、とてつもなく大きな数です。通常の命数法でいちばん大きな数は無量大数で、これは一〇の六八乗ですから、それより一〇桁大きい。しかし、ブラックホールの状態数は、一の後にゼロが「一〇の七八乗」個だけ並ぶという数なのです（べき乗の表記に慣れている人には、「$10^{10^{78}}$」個と書いたほうがわかりやすいかもしれません）。

そう言われても見当がつかないので、これをブリタニカ百科事典と比較してみましょう。そこには、およそ三億個のアルファベットが書いてあります。三億個のアルファベットの並べ方には、およそ一〇の「一〇の九乗」乗（つまり$10^{10^{9}}$）の組み合わせがあります。ブリタニカ百科事典には、無意味な文字の羅列も含めて、それだけの情報を書き込むことが可能なわけです。

そうすると、ブラックホールの可能な状態数は、ブリタニカ百科事典の一〇の六九乗冊分。ちなみに、グーグル・ブックスによると世界には現在、一億三〇〇〇万タイトルもの本があるそうですが、その情報量を多めに見積もって、一冊ずつがブリタニカ百科事典と同じだとしても、地球上の本の情報量は一〇の「一〇の一七乗」乗にしかなりません。そう考えると、たった一つのブラックホールに、人類がこれまでに本に書き留めた知識の一〇の六一乗倍以上の情報を書き込めることになるのです。

もしブラックホールの蒸発が、本を燃やすのと同じ物理法則にしたがうのであれば、一つのブラックホールにはこれだけ膨大な状態が可能でなければいけません。そして、これだけの状態が可能なら、ブラックホールに投げ込んだ本の内容を「憶えて」おくことも簡単でしょう。

では、ブラックホールには本当にそれだけの状態があるのか。これは、通常のアインシュタイン理論だけでは答えることができません。アインシュタイン方程式のシュワルツシルト解としてのブラックホールは、光も逃げ出すことのできない暗黒の球面で、そこには何の特徴もないように見えます。

ミクロな状態の数は、そこに量子力学を融合した理論でなければ数えられない。超弦理論がその融合に成功しているのであれば、ブラックホールのミクロな状態を数えたときに、一〇の「一〇の七八乗」乗という数が再現できるかどうか答えられるはずです。もしこれだけの状態数がなければ、理論の融合が失敗しているか、あるいはブラックホールの蒸発には通常の物理法則が通用せず、因果律が壊れている。そのどちらかということになるのです。

## 「二次元の膜」「三次元の立体」を想定して突破口を開く

一般相対論と量子力学の融合を試みる理論は超弦理論だけではありません。最も有望視されているのは超弦理論ですが、それ以外にも、たとえば「ループ量子重力理論」と呼ばれるものがあります。

もし別の統一理論でブラックホールの情報問題が解ければ、そちらが超弦理論より有力ということになるでしょう。しかしループ量子重力理論はまだ十分に発展していないせいもあり、粗い計算をした結果、間違った答えを出しています。とはいえ超弦理論のほうも、長いあいだホーキングの挑戦に応えることができませんでした。その理論では、ブラックホールをどのように理解すればいいのかがわからなかったからです。

行き詰まっていた超弦理論に新たな突破口が開けたのは、第一次超弦理論革命からおよそ一〇年後の一九九五年でした。この年にロサンゼルスで開催された超弦理論国際会議で、この分野で指導的な役割を果たしているエドワード・ウィッテンが、画期的な構想を発表したのです。

それまでの超弦理論は、素粒子を「点」ではなく「一次元の弦」だと考えてきました。しかし「点」ではない粒子を考えるなら、一次元だけではなく、たとえば「二次元の膜」や「三次元の立体」のようなものを考えてもいいはずです。なにしろ空間が九次元まであるのですから、素粒子が広がる次元にも選択肢はたくさんある。四次元、五次元、六次元……に広がった素粒子があってもいいでしょう。

そういう発想は、一九九五年以前にもなかったわけではありません。しかし、そういう理論を作るのは非常に難しいので、ほとんどの研究者が消極的だったのが実情です。ウィッテンはそれをすべて積極的に考えることを提案しました。

アインシュタインの重力方程式から導かれるブラックホールの解は、質量がある一点（ゼロ次元）に集まってできるものでした。しかし超弦理論の方程式を解くと、ゼロ次元に質量が集まるブラックホール以外に、線（一次元）、面（二次元）、立体（三次元）……などに沿って質量が集まる解もあることがわかります。それをすべて考えよう、とウィッテンが提唱したところから「第二次超弦理論革命」が幕を開けました。

そこで想定するさまざまな「膜」のことを「ブレーン（brane）」と呼びます。これは、二次元の膜を意味する「メンブレーン（membrane）」という英語からの造語です。この言葉は、ウィッテンが新たな構想を発表する前からありました。ウィッテンより前にさまざまな「膜」を考えていたパイオニアの一人、ケンブリッジ大学のポール・タウンゼントは、ゼロ次元の点を「0-ブレーン」、一次元の線を「1-ブレーン」、二次元の面を「2-ブレーン」……と呼び、一般にp次元の（pは0、1、2といった次元を表す整数）の膜を「p-ブレーン」と呼んでいました（ちなみに英語で「pea」は「豆」のことで、「pea brain」と言えば「豆頭＝お馬鹿さん」の意味です。綴りは違いますが「p-brane」はそれと引っかけたイギリス流のユーモアでもありました）。

## ブラックホールの表面に張りつく「開いた弦」

ブラックホールでさえ難しいのに、いろいろなブレーンを持ち出してきて、問題をややこしくしただけのように思えるかもしれません。しかし、物理学では、話を広げることで、全体像の見通しがよくなって、問題が一挙に解決することがよくあります。ウィッテンの構想によって多くの研究者がその重要性にあらためて気づき、新たなフロンティアを目指して努力を始めました。有望なアイデアが登場したのは、その国際会議からほんの数カ月後のことです。「ブレーン」を超弦理論に取り込む上で重要なアイデアを、ジョセフ・ポルチンスキーが考え出しました。そこで使う「膜」のことを「D-ブレーン」と呼びます（この「D」は、十九世紀の数学者グスタフ・ディリクレの頭文字でした）。

ポルチンスキーのアイデアが斬新だったのは、「開いた弦」を考えたことです。

それまでの超弦理論の主流の研究では、素粒子としてのストリングを「閉じた輪」のようなものだと考えていました。重力を伝えるのは重力子と呼ばれる粒子ですが、米谷やシェルク、シュワルツが発見したように、これも閉じた弦がある振動の仕方をしているものです（213ページ図38）。

ポルチンスキーがD-ブレーンのアイデアを提案するまでは、超弦理論の研究はもっぱらこのような「閉じた輪」にかぎられていました。しかしポルチンスキーは、それに加えて「両端のある開いた弦」があってもいいだろうと考えたのです。それはなぜでしょうか。

図49のように、ブラックホールの近くを閉じた弦がたくさん飛び回っているとしましょう。

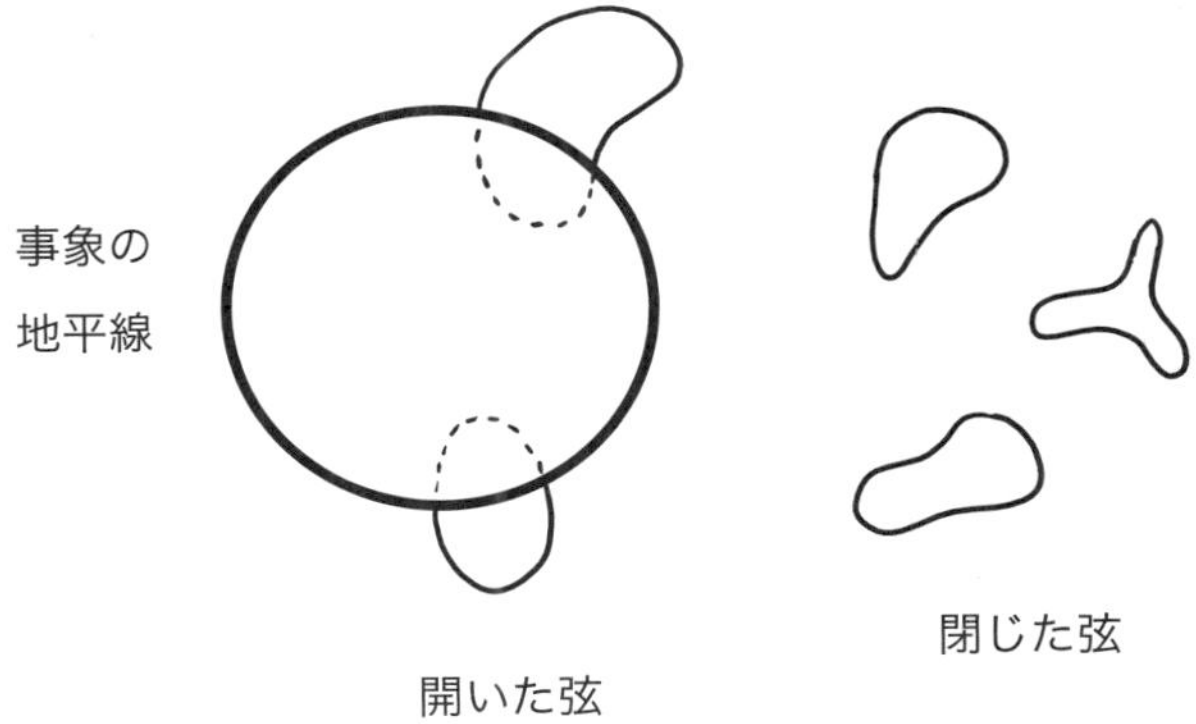


[図49] **閉じた弦の一部が事象の地平線の内側に入ると、両端のある開いた弦が、ブラックホールに張りついているように見える。**

ブラックホールの表面は事象の地平線で、その中の様子は遠方からは観測することができません。そのため、閉じた弦の半分だけが、たまたま事象の地平線を越えて中に入ったとして、それを遠方から見ると、「両端のある弦」がブラックホールの表面に張りついているように見えます。このような考察から、ポルチンスキーは、ブラックホールの表面には開いた弦の端が張りついていると考えました。ほかの「ブレーン」でも、開いた弦の端はその表面に張りつきます。

## 大きなブラックホールは通常の物理法則で計算できた

このことから、表面に張りついた弦をブラックホールの「自由度」と見なせることがわかりました。物理学では、ものの状態を表すのに自由度という概念を用います。たとえば、ある部屋の空気の自由度は、それぞれの分子の位置です。分子の位置をすべて決めれば、部屋の中の空気の状態が完全に決まります。

ブラックホールの場合には、その自由度が表面に張りついた弦であることが、ポルチンスキーのアイデアによってわかったのです。自由度がわかれば、ブラックホールにどのような状態があるのかもわかり、その状態の総数（すなわち書き込める情報量）を計算することもできるようになりました。

たとえば私のミクロな自由度は、私の体を構成する原子の配置にほかなりません。それになぞらえて言うなら、表面に張りついた弦はブラックホールの「原子」のようなものだと言えるでしょう。

だとすれば、空気の分子によって熱や温度などの性質がミクロな立場から導き出せるのと同じように、「原子」である開いた弦によって、ブラックホールの発熱をミクロな立場から理解できるはずです。

その計算を最初に行ったのは、ハーバード大学のアンドリュー・ストロミンジャーとカムラン・バッファの二人でした。ブラックホールに張りついた弦の運動に量子力学の規則を当てはめ、その状態の数を数えたのです。

近似的な計算ではありましたが、その結果、ブラックホールが大きくなる極限ではホーキング の計算から期待される状態数（先ほどの一〇の「一〇の七八乗」乗）と一致することがわかりました。質量の大きなブラックホールに関しては、ホーキング放射が通常の物理法則で計算できることが明らかになったのです。

この研究結果は、ブラックホールの情報問題を解決する重要な一手となりました。こうなると、次は当然、どんなサイズのブラックホールでも同じ計算ができることを証明しなければいけません。

もともと、量子力学と一般相対論の統合には、小さいブラックホールの状態を理解することが重要でした。というのも、この二つの理論の緊張関係は「プランクの長さ」の領域で最も先鋭化するからです。

前に、宇宙の「芯」に関する説明の中でお話ししましたが、加速器で粒子の波長が「プランクの長さ」より長いときは、衝突時にできるブラックホールの効果は無視できます。しかし波長が「プランクの長さ」よりも短くなるほどの高エネルギーになると、ブラックホールの事象の地平線が大きくなり、量子現象を覆い隠してしまう。いわば、相対論（ブラックホール）と量子力学（粒子の波）が「プランクの長さ」という境目でつばぜり合いを演じているようなものでしょう。だからこそ、粒子の波長とブラックホールの大きさが「プランクの長さ」で一致するギリギリのところで、超弦理論の真価が問われるのです。

## 小さなブラックホールの計算は「トポロジカルな弦理論」で！

そのサイズのブラックホールで何が起こるかがわかれば、当然、情報問題の解決も大きく前進するでしょう。しかし小さいブラックホールの近くでは重力場の量子的ゆらぎが大きく、ホーキングの計算が大きな変更を受けるため、状態数の計算も容易ではありません。

実はそこで、一九九三年に私が三人の共同研究者たちと発表した「トポロジカルな弦理論」が重要なカギを握っていました。

そのヒントを得たのは、それから一〇年後の二〇〇三年の夏にニューヨークで開催された研究会で、のちにフィールズ賞を受賞する数学者アンドレイ・オクンコフの講演を聞いたときのことです。

「トポロジカルな弦理論の計算は、積み木を積み重ねた状態がどれだけあるかを数える問題と関係することがある」

オクンコフは、そんな話をしました。「状態数を数える」と言えば、ブラックホールの情報問題におけるキーワードの一つです。それを聞いた私は、自分たちの作ったトポロジカルな弦理論が、ブラックホールの状態数と関係があるのではないかと思いつきました。

そこで私はハーバード大学を訪問し、最初にブラックホールの状態数を近似計算したストロミンジャーとバッファと相談し、その後一年間の共同研究の末に、トポロジカルな弦理論を使えばあらゆるサイズのブラックホールの状態数を計算できることを突き止めました。計算の結果、その状態の数は因果律から期待される値とぴったり一致したのです。どんなに小さなブラックホールでも、ホーキング放射は通常の物理法則にしたがう。そして、事象の地平線の向こうに投げ込んだ本の情報は、ブラックホールに書き込めることがわかったのです。

しかも、三次元空間におけるブラックホールの量子力学的状態と、丸め込まれて見えない六次元空間の幾何学的な性質のあいだに密接な関係があることも明らかになりました。私は大学院の一年生のときに、六次元の空間の性質の中に自然法則がどのように書き込まれているのかを知りたいと望んで、この分野の研究者になりました。このブラックホールの仕事を完成することで、そのとき目指していた方向に、ようやく一歩踏み出すことができたように思いました。

しかし、ブラックホールの情報問題はこれで終わりではありません。まず、ブラックホールが蒸発するときに、書き込まれた情報が外に漏れ出すのかどうかという問題が一つ。さらに、それが漏れ出すとしたら、ブラックホールからの放射を分析すれば（燃やした本の灰を集めて復元するように）情報を回復することができるのかどうか。それに答えられなければ、因果律の問題は解決しないのです。

## エントロピーが体積でなく表面積に比例する奇妙な現象

その問題を解決する糸口は、ある奇妙な計算結果から見つかりました。それは、ホーキングの計算と超弦理論の計算が一致したブラックホールの状態の数が、ブラックホールの体積ではなく「表面積」に比例していることです。

なぜ、それが「奇妙」なのでしょう。

たとえば私の妻が、本や書類が山積みになっている私の机を見るに見かねて、同じ面積の机をもう一つ買ってきたとしましょう。しかし、雑然とした風景が少しは整理されるかと思いきや、使える面積が広くなった分だけ本や書類がさらに増え、むしろ以前よりも乱雑になってしまいました。

このとき、机の上に本や書類を積み重ねるパターンは、面積が半分だったときの「二乗」になっています。前に、一〇冊の本の重ね方は約三六〇万通りあるという話をしたのを思い出してください。机が二つになれば、その「山」がもう一つ作れます。一方の三六〇万通りの一つひとつに対して、もう一方のパターンが三六〇万通りあるので、全体のパターンは三六〇万×三六〇万、つまり「二乗」になるわけです。乱雑さが増したのを見た妻が机をあと八つ買ってきて面積を当初の一〇倍にすれば、本の積み重ね方は三六〇万の一〇乗になってしまうでしょう。

この「状態の数」を対数で表したものを、「エントロピー」と言います。対数で考えた場合、二乗は「二倍」、一〇乗は「一〇倍」と見かけの数字を小さくできるので、膨大な大きさになる状態の数は対数のエントロピーで考えたほうがわかりやすい。たとえば先ほどの例では、机の面積が二倍になれば本を積み重ねるエントロピーも二倍、面積が一〇倍になればエントロピーも一〇倍と、エントロピーは面積に比例します。

ただし、エントロピーは常に「面積」に比例するわけではありません。一般的には、その「領域」の大きさに比例して増えます。たとえば、あなたがいまこの本を読んでいる部屋の中の空気のエントロピーは、部屋の体積に比例します。

ブラックホールの場合、投げ入れた本は事象の地平線を越えてブラックホール内部に落下するのですから、関係する「領域」は表面だけではありません。ブラックホールのエントロピーは、その内部で起きていることを表しているのですから、やはりその中の「体積」に比例すると考えるのが自然でしょう。

ところが計算してみると、そのエントロピーは事象の地平線の大きさ、つまりブラックホールの「表面積」に比例していました。投げ入れた本の情報は内部にあるはずなのに、ブラックホールではその表面だけが情報を担っているように見えるのです。

たしかに、ポルチンスキーが考えた「開いた弦」はブラックホールの表面に張りついており、それが状態数を決める自由度となっているので、エントロピーが表面積に比例しても不思議ではない気はするでしょう。しかしブラックホールは三次元の立体ですから、体積に比例しないのはやはり奇妙としか言いようがありません。まるで、事象の地平線の中で起きていることが、ブラックホールの表面に映し出され、そこに記録されているように感じられます。

## すべての現象が二次元のスクリーンに映し出されている

この不思議な事実から、ある新しい考え方が登場しました。ブラックホールの中で起きていることは、すべてその表面が「知っている」と考える。ブラックホールの表面を映画のスクリーンのように見立て、そこに映し出された情報だけで内部のことをすべて説明できるという考え方です。

オランダの物理学者でノーベル賞受賞者のヘーラルト・トフーフトや、スタンフォード大学のレオナルド・サスキンドは、この考え方をさらに一般化しました。ブラックホールにかぎらず、三次元の空間のある領域で起きる重力現象は、すべてその空間の果てに設置されたスクリーンに投影されて、スクリーンの上の二次元世界の現象として理解することができると主張したのです。

突拍子もないことを言い出したと思われるかもしれません。説明していきましょう。

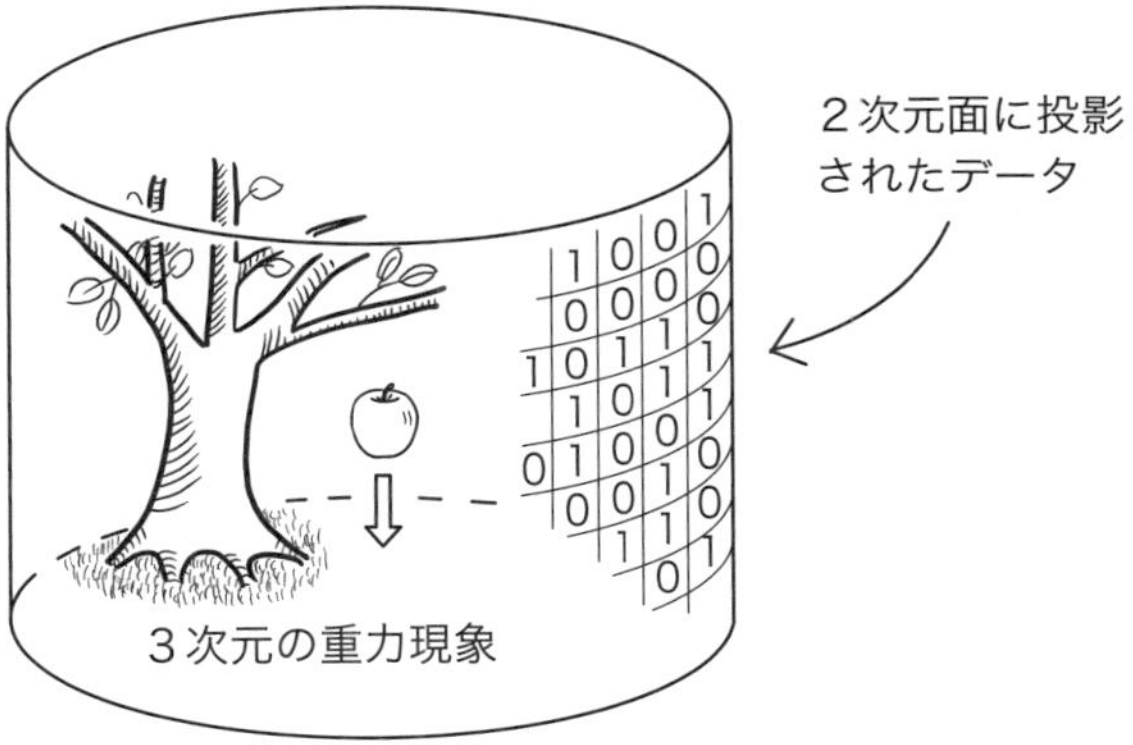

[図50]**重力のホログラフィー原理**

たとえば、あなたがいま部屋の中でこの本を読んでいるとします。そこには当然、重力が働いています。そこで起きていることは、すべて「ある空間の領域で起きる重力現象」です。その情報は三次元空間の中に書き込まれているわけですが、それを二次元の「壁」に投影して表現することができる。この本に書かれている情報はもちろん、そこにある家具や空気やあなた自身のことも、二次元のスクリーンに書き込まれるのです。

光学の世界には、昔から「ホログラム」という概念がありました。三次元の立体像を二次元の平面上に記録した干渉縞によって再現する方法です。トフーフトとサスキンドの主張は、この光学用語を借用して「重力のホログラフィー原理」と名づけられました。一九九六年には、アルゼンチン出身の物理学者ファン・マルダセナが、超弦理論においてホログラフィー原理が成り立っていることを示しています。

基本法則から導かれたとはいえ、これは実に不思議な原理です。

私は本書の前半で、「重力は幻想である」という話をしました。アインシュタインの「最高のひらめき」から、観測の仕方を変えると重力は「消す」ことができるとわかったのです。しかし、このホログラフィー原理によると、幻想は重力だけではありません。私たちが暮らしているこの空間そのものが、ある種の「幻想」だと言えるのです。

私たちは縦・横・高さという三つの情報で位置の決まる三次元空間を現実のものだと感じていますが、ホログラフィー原理の立場から見れば、それはホログラムを「立体」だと感じるのと同じことにすぎません。空間の果てにある二次元の平面上で起きていることを、三次元空間で起きているように幻想しているのです。

しかし一方で、三次元の重力理論の立場から見れば、空間の果てにあるスクリーンに映し出されたものは、三次元空間で起きていることを二次元に変換したにすぎません。そちらを「現実」と考えるのは、プラトンの「洞窟の比喩」に出てくる人々のようなものです。プラトンはその比喩の中で、子どものときから手足を縛られて首も動かすことのできない人々が、洞窟の壁に映る影だけを見ている状態を考えます。それしか見たことのない人々は、その影を実体だと思い込むわけです（それと同様に、私たちが現実世界で見ているものは「イデアの影」にすぎないとプラトンは考えました）。

## 量子力学だけの問題に翻訳されたブラックホールの情報問題

常識的には、影が「幻想」であり、立体的な世界が「現実」でしょう。しかしホログラフィー原理の登場によって、この二つのどちらが本質かという問い自体に意味がなくなりました。

それはちょうど、光や電子が「粒か波か」という問いに意味がないのと同じです。そこには双対性があるので、「粒」として考えたほうが真実に近いこともあれば、「波」として扱ったほうが真実に近いこともある。相対論と量子力学を融合した量子重力の世界にも、それと似たような双対性があるのです。したがって、同じ現象を三次元空間の重力現象としてとらえることもできれば、スクリーンに投影された二次元世界の現象として理解することもできる。どちらも正しい見方であって、二者択一の問題ではありません。そのときの条件に合わせて、より便利で簡単な説明をケース・バイ・ケースで採用すればいい。私たち研究者は、そのように考えています。空間の概念は不変ではなく、より基本的な概念で置き換えられるべきなのです。

さて、このホログラフィー原理は「ブラックホールの情報問題」の解決にどう役立つのでしょうか。

ここで重要なのは、ホログラフィー原理に現れる「スクリーンの上の二次元世界」には、「重力」が含まれていないことです。というのも、重力は振動する「閉じた弦」によって伝わりますが、ブラックホールの表面には「開いた弦」しか張りついていません。ホログラフィー原理はその「開いた弦」だけを抜き出して記述するものですから、そこには重力が含まれないのです。

ホーキングはアインシュタインの重力理論と量子力学をそのまま使って問題を出しましたが、最終的にはこうして重力が「消えて」しまいました。したがって、それを説明する理論にも重力は必要ない。要するに、三次元空間の「一般相対論＋量子力学」の問題が、二次元空間の量子力学だけの問題に「翻訳」されてしまったのです。

そして、重力の関わらない理論では、決して情報が失われないことが原理的にわかっています。たとえば本を燃やした場合、その灰から書かれた情報を復元するのは技術的にはほぼ不可能でしょう。しかし原理的には、「ラプラスの悪魔」を連れてくれば復元可能です。それと同じように、量子力学にも技術的に計算が難しい問題はあるものの、原理的には情報が失われないことが証明されています。そのため、ブラックホールが蒸発するプロセスは、本を燃やすプロセスと基本的には同じ力学で説明できるのです。

ＳＦの世界では、何でも飲み込むブラックホールを犯罪の証拠隠滅に利用することもできるでしょう。でも、そこに証拠書類を投げ込むのは、シュレッダーにかけて燃えるゴミに出すのと同じことです。現実的には復元不能ですが、ＳＦなら捜査当局が超弦理論版「ラプラスの悪魔」を雇って、ブラックホールからの放射をすべて集めることができるでしょう。その中身を分析すれば、書かれていた情報を再現することができるのです。

## そしてホーキングは勝者に百科事典を贈った

ここまで読んできて、狐につままれたような気分になっている人も多いと思います。さんざん重力の謎を追いかけ、アインシュタイン理論の限界に行き着き、相対論と量子力学をいかに融合するか……というところまで到達した挙げ句、最後は重力が消えてしまったのですから、ポカンとされるのも無理はありません。「だったら、最初から重力のことなど考えなければいいじゃないか」という声も聞こえてきそうです。

以前カリフォルニア工科大学で、重力理論の授業をしたときにも、最後の講義でホログラフィー原理の話をしたところ、一年間付き合ってくれた学生の一人が手を挙げて、

「では、僕たちが一所懸命勉強してきたことはいったいなんだったのですか」

と言いました。

しかし、こうした結果になったからといって、重力理論が不要になったわけではありません。ニュートンの速度合成則が日常的な現象を近似的に説明するのに役立つのと同様、マクロの空間がどのように成り立っているのかを近似的に理解するには、やはり重力理論が必要です。

ただ、宇宙の「芯」というミクロの世界を扱う超弦理論では、量子力学がある意味の「勝利」を収めました。一般相対論と量子力学の矛盾を解消しようとした結果、量子力学はそのまま使われ、相対論のほうが変更されることになったのです。これは、ニュートン力学とマクスウェルの電磁気学の矛盾を解消したアインシュタインが、特殊相対論においてマクスウェル理論をそのまま使い、ニュートンの速度合成則を変更したのと同じような成り行きだと言えるでしょう。

これは、超弦理論にとって大きな成功でした。ブラックホールの蒸発によって因果律が破れるという主張を、完膚なきまでに論破したのです。しかも、次の章で見るように、思いがけないおまけもありました。

実は、この結末を象徴するような「勝負」がありました。ブラックホールの情報問題がどう決着するかについて、スティーブン・ホーキング、キップ・ソーン、ジョン・プレスキルという三人の著名な物理学者が賭けをしたのです。それは次のようなものでした。

スティーブン・ホーキングとキップ・ソーンは、ブラックホールに飲み込まれた情報はその外側の宇宙からは永遠に隠されてしまっており、ブラックホールが蒸発して消え去ってしまっても、それが出てくることはないと固く信じ、

ジョン・プレスキルは、重力理論が正しく量子化されたあかつきには、蒸発するブラックホールから情報が解放される過程が見つかるに違いないと信じるので、

プレスキルは次のような賭けを提案し、ホーキングとソーンはそれを受ける。

「純粋な量子状態が、重力崩壊を起こしブラックホールになった場合、ブラックホールが蒸発した後も純粋な量子状態にある」

この賭けの敗者は、勝者がいつでも好きなときに情報が取り出せるように、勝者が望む百科事典を与える。

カリフォルニア州パサデナ市 一九九七年二月六日、

スティーブン・ホーキング、キップ・ソーン、ジョン・プレスキル 署名

ホーキングとソーンは、いずれも重力理論の分野でキャリアを積み重ねてきた研究者です。ソーンは、カリフォルニア工科大学の重力波天文台プロジェクトの創設者でもあった重力理論の世界的権威のような存在です。そのため、相対論側に立ちました。一方のプレスキルは素粒

子論出身ですから、量子力学の側です。

賭けの文面にある「蒸発した後も純粋な量子状態にある」とは、「情報が失われていない」ということを専門的に表現したものだと思ってもらえばいいでしょう。これは、量子力学の基本原理です。ホーキングとソーンは、ブラックホールの蒸発ではそれが成り立たないから、相対論を変更せずに量子力学の基本原理が修正を迫られるはずだと考えました。それに対してプレスキルは、量子力学の原理はそのままで、相対論が変更されるはずだと主張したのです。

ホーキングが負けを認めたのは、この賭けを発表してから七年後のことでした。その間ホーキングが研究していたのは、マルダセナが示した超弦理論における重力のホログラフィー原理でした。そこに何か見落としや矛盾がないかを、七年かけて検証していたのでしょう。実際、当初はマルダセナの理論の間違いを指摘する論文を書こうともしていたようです。

しかし二〇〇四年に、ホーキングはついにその理論に納得しました。純粋な量子状態が重力崩壊を起こしてブラックホールになった場合、ブラックホールが蒸発した後も純粋な量子状態にある。情報は失われず、因果律も壊れない。賭けに負けたホーキングは、約束どおり、プレスキルの大好きな情報の詰まった百科事典を与えました。それはブリタニカではなく、「野球大百科事典」だったそうです。

# 第八章　この世界の最も奥深い真実

## ——超弦理論の可能性

## ホログラフィー原理の思いがけない応用

超弦理論は、いまだ建設途上にある理論です。ブラックホールの情報問題では量子力学がそのまま使えることがわかり、相対論が変更されることがわかりましたが、ここで一般相対論と量子力学の融合が完成したわけではありません。その統一を果たす上で、超弦理論がきわめて有力であることが確かめられただけです。

しかしホログラフィー原理のおかげで、超弦理論は思いがけない形で応用できることがわかりました。重力の深い謎を、重力を含まない理論に翻訳して解決できるようになっただけではありません。逆に、量子力学では技術的に解決が難しい問題を重力理論に翻訳し、アインシュタインの幾何学的な方法で解くことが可能になったのです。これは、この理論に威力があることを示す証拠と言えるでしょう。

その一つは、「クォーク・グルーオン・プラズマ」の性質をめぐる問題です。

二〇〇五年四月、ニューヨーク州ロングアイランドのブルックヘブン国立研究所は、金の原子核同士を光速の九九・九九五パーセントの高速で衝突させる実験で、陽子や中性子の中にあるクォークが解放されてプラズマの状態になる「クォーク・グルーオン・プラズマ」を作り出したと発表しました。グルーオンとは、クォークとクォークをくっつける「強い力」を伝える素粒子です。

このプラズマは、初期宇宙の物質の状態を再現したものだと考えられているのですが、実際に作ってみると、それが驚くべき性質を持っていることがわかりました。一般的に、プラズマ状態では粒子が自由に飛び交っています。ところが不思議なことに、この「クォーク・グルーオン・プラズマ」は、クォークやグルーオンが気ままに飛び交うようなものではなく、液体のようなものでした。しかもそこには粘性がほとんどなく、サラサラしている。いわゆる「完全流体」だったのです。

これは素粒子の研究者にとって、まったくの予想外でした。クォークのあいだの力を伝える粒子は「糊」「にかわ」の意味で「グルーオン」と名づけられたぐらいですから、そこにはきわめて強い相互作用が働いています。それがプラズマになると粘性を失うのは、実に意外なことです。しかもその粘性は、これまで地球上で見つかったどんな物質よりも低いものでした。

しかし実は、この実験結果が発表される一年前に、この現象を予言していた研究者がいました。ベトナム出身の理論物理学者ダム・ソンらが、超弦理論のホログラフィー原理を使って、クォーク・グルーオン・プラズマに似た相互作用の強い液体について、粘性が非常に小さい値になることを明らかにしていたのです。

彼らは、三次元空間のプラズマを、四次元空間の果てに投影されたホログラムだと考えました。ブラックホールの情報問題では三次元空間の重力現象が（一つ次元の低い）二次元のスクリーンに投影されましたが、それと同じように、四次元空間の重力現象は「三次元のスクリーン」に映し出されるわけです。

したがって三次元空間のスクリーンの様子は重力を含まない力学で説明できますが、ダムらはそれを逆に「四次元空間の重力理論」に翻訳しました。前章でも述べたとおり、ホログラフィー原理は問題から重力を消して量子力学に翻訳できるだけではありません。量子力学だけでは解決困難な問題を、重力理論を含む問題に翻訳して解きやすくすることもできる。そうやって計算した結果、プラズマの粘性が低くなることがわかったのです。

その理論的予言が、「クォーク・グルーオン・プラズマ」を作る加速器実験で裏づけられました。そのためブルックヘブン国立研究所の記者会見では、米国エネルギー省のレイモンド・オーバック次官が、こんな談話を発表しています。

「超弦理論と重イオン衝突実験との関係はまったく思いもかけず、心が躍る」

超弦理論が実験グループの研究発表で言及されたのは、これが世界で初めてのことでした。それまでは理論家のものだった超弦理論が、いよいよ「実験」というステージに上がるようになったと言えるでしょう。ダムたちが予言した粘性の値は、CERNのLHCにおける最新の実験でも高い精度で検証されています。物理学は、理論的な予言を実験で検証し、実験で見つかった新事実を理論的に説明することで進歩しますから、これは大きな前進です。

また、超弦理論は「高温超伝導物質」の奇妙な性質も、ホログラフィー原理を使って解明しつつあります。

超伝導とは、金属などの物質を冷却したときに電気抵抗が急激にゼロになる現象です。たとえばアルミは、絶対温度一度（摂氏マイナス二七二度）でようやく超伝導状態になります。ところが二五年ほど前、それまでよりもはるかに高温（現在では絶対温度一〇〇度以上）で超伝導現象を示す物質が見つかり、物理学の世界に大きな衝撃を与えました。発見直後に開かれたアメリカ物理学会には世界中から大勢の研究者が押し寄せ、「物理学のウッドストック」と呼ばれたほどです。

しかしこの現象を説明する理論は、いまだに存在しません。通常の超伝導を理論的に解明するまでには最初の実験から四七年もかかりましたから、こちらもあと二〇年かかっても不思議ではないでしょう。しかしホログラフィー原理による解明が順調に進めば、もっと早く高温超伝導の仕組みがわかるかもしれません。

## 宇宙は一つだけでなく無数にある？

ただし、クォーク・グルーオン・プラズマの性質にしろ、高温超伝導の理論にしろ、そこにホログラフィー原理が応用されるのは、超弦理論の「本筋」ではありません。物理学の美しい理論は思いがけない場面で応用できることが多いので、ホログラフィー原理がスピンオフして多くの分野で活躍するのは悪いことではありませんが、それは超弦理論の本来の目的とは違います。

では、超弦理論は何を目指しているのか。言うまでもなく、それは「究極の統一理論」の構築です。宇宙という玉ねぎに、それ以上は皮をむくことのできない「芯」があることはわかっていますから、それを説明する最終的な基本法則も必ずある。その発見が、超弦理論が見据えるゴールです。

とはいえ、どんな答えを出せばゴールに至るのかは、必ずしも明確ではありません。もちろん、相対論と量子力学を統一し、素粒子の標準模型をパーフェクトな形で導き出すことができれば、それは大きな成功でしょう。この世界にある物質の根っこがわかり、そこに働く力の仕組みが解明されたあとには、私たちの宇宙がどのように生まれ、これからどんな運命をたどるのかもわかるかもしれません。

その一方で、仮に素粒子の基本法則が導き出せたとしても、こんな問題が残ります。

その基本法則には、理論的な必然性があるのか、それとも偶然に決まったのか――。

物理現象は、何から何まで基本理論から演繹できるわけではありません。偶然に左右される現象もあります。たとえば古代ギリシャのピタゴラス学派は、太陽系の惑星の運動を音楽や幾何学などの美しい理論によって説明できるはずだと考えていました。十七世紀に惑星の運動法則を発見したケプラーでさえ、一時はプラトンの正多面体を組み合わせた模型を使って惑星の公転半径を導出しようとしたほどです。

しかしニュートンの発見によって、惑星の軌道を基本原理からすべて説明する試みは徒労であることが明らかになりました。惑星の公転半径などは、太陽系ができたときの初期条件によって偶然に決まっているにすぎません。

では、素粒子の標準模型はどうでしょう。

超弦理論では六次元空間の幾何学によって三次元空間の素粒子模型が定まるのですが、そこで使う六次元空間は一種類ではなく、さまざまな形があり得ます。理論的な技術が未熟なため、正確な推定は難しいのですが、その選択肢はなんと一〇の五〇〇乗もあるとする暫定的な計算もあります。

その中に標準模型のような理論がどれだけ存在するのかはわかりません。可能な理論が本当に一〇の五〇〇乗もあるのかどうかについても、研究者のあいだで意見が分かれています。しかし、仮にそれだけの可能性があるとすると、私たちの世界を作っている素粒子模型は、その中からどうして「選ばれた」のでしょうか。いくら選択肢があっても、この宇宙で実現している素粒子模型はその中の一つだけです。

ほかの選択肢の中には、たとえば電子の質量やグルーオンが伝える力などの値が異なる「標準模型」もあるでしょう。そういう標準模型ではなく、私たちの世界が「この標準模型」でできているのは、必然でしょうか、偶然でしょうか。

もし偶然だとすると、こんな仮説も成り立ちます。宇宙は一つだけでなく無数にあって、超弦理論で可能な選択肢はすべてどこかの宇宙で実現している。私たちはたまたま「この標準模型」が実現した宇宙だけを観測しているから、それが唯一の答えのように思えるだけだ——という考え方です。

## この宇宙はたまたま人間に都合よくできている？

本当に宇宙がたくさんあるのかどうかは、わかりません。しかしビッグバンの前に宇宙がインフレーションを起こしたとき、「親宇宙」のあちこちで次々と「子宇宙」や「孫宇宙」が生まれたとする理論があるのも事実です。これをマルチバース（多重宇宙）と呼びます（図51）。

そのため、先ほどの仮説をさらに推し進めた考え方も出てきました。「人間原理」と呼ばれるものです。自然界の基本法則には、宇宙に人間＝知的生命体が生まれるよう絶妙に調節されているように見えるものが少なくありません。その理由を「知的生命体が生まれないような宇

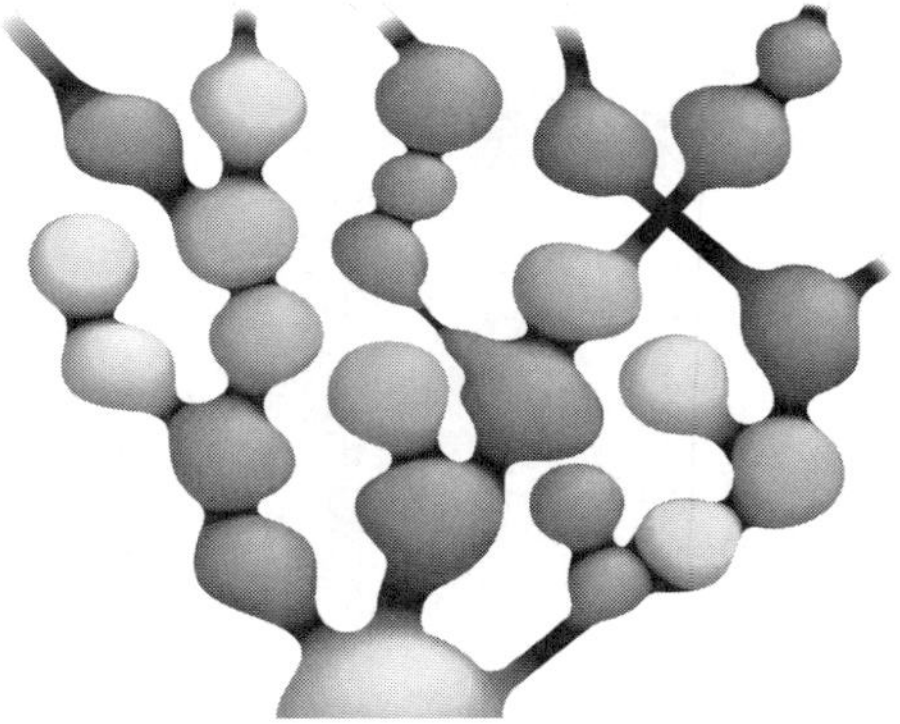


[図51] **インフレーション宇宙模型の中には、マルチバースの存在を予言するものもある。** ©Andrei Linde

宙には、それを観測するものもいない。そのように絶妙に調節されている宇宙しか観測されないのだ」と考える。絶妙な調節具合を「不思議だ」と考えるのではなく、むしろ「当たり前」とするのが人間原理です。

これが間違いなく当てはまるのは、太陽と地球の距離に関してです。地球は太陽から一五〇〇億メートル離れています。これが一〇億メートルや一〇兆メートルでない理由は、明白でしょう。もし地球がそんな位置にあったら、人類どころか生命が誕生するような気候にはなりません。水が凍っても、水蒸気になっても、生命の源である海は作られない。ちょうどいい気候になる絶妙の距離だったから、私たちはこの惑星に生まれ、太陽との距離を測ることもできるわけです。

しかし、仮にこの太陽系に「ちょうどいい距離」の惑星がなく、そのため人類が生まれなかったとしても、太陽系の外の、別の恒星のまわりを公転する惑星には人類のような知的生命体が生まれたかもしれません。実際、ここ十数年のあいだに数多くの太陽系外惑星が発見されており、最近では「ちょうどいい距離」にある、地球に似た大きさの惑星も見つかっています。宇宙のどこかに知性を持つ「人々」がいれば、彼らによって宇宙は観測されるでしょう。

自然界の基本法則には、少しズレるだけで生命体どころか星や銀河すら生まれなくなるものがたくさんあります。

たとえば、陽子は正の電荷を持つので、陽子同士は反発し合います。しかし、電磁気力がいまより二パーセントでも弱かったとすると、核力による引力が打ち勝って、陽子同士が直接結合できるようになります。そんなことが起きると、太陽は核反応で爆発的に燃え尽きてしまいます。逆に電磁気力が強すぎると、原子の中の電子が原子核に落ち込んでしまうので、多くの原子が不安定になります。これでは、人間のような複雑な生命体はおろか、通常の星もできなかったでしょう。電磁気力は、私たちの存在のためにちょうどよい強さなのです。

また陽子は電子の約二〇〇〇倍の重さですが、この二つの素粒子の質量の比が大きすぎると、生命のもととなるDNAのような構造を作ることができません。逆に、質量の比が小さすぎると星が不安定になってしまいます。

第一章では、重力が弱いことを「第二の不思議」（26ページ）としました。もしこの力がもっと弱ければ、恒星や惑星などが塊になることはなかったでしょう。一方で重力が強すぎると、こうした星はすべてブラックホールに崩壊してしまいます。

現在観測されている宇宙の暗黒エネルギーの大きさは、一般相対論や量子力学に自然な単位系で表すと一〇の一二〇乗分の一というとても小さな値になります（それでも、宇宙全体のエネルギーの七割を占めているのですが）。暗黒エネルギーがこれより大きければ、宇宙の膨張速度が速くなりすぎて、銀河は生成できなかったはずです。逆にこれが負の値に振れると、宇宙はすぐに潰れてしまいます。

もう一つ挙げておきましょう。私たちの空間は三次元ですが、これが四次元だとすると、ニュートン法則が逆二乗ではなく、逆三乗になり、そのため太陽系のような惑星系は不安定になります。惑星が一定の軌道を保つことができず、太陽に落ち込んでしまうのです。一方、空間が二次元だと、生命の豊かな構造を作るだけの余地がない。たとえば、地上の動物のほとんどは口から肛門につながる消化器を持っていますが、二次元の生物が消化器を持つと、体が二分されてしまいます。

こうした基本法則を並べていくと、この宇宙があまりにも人間にとって都合よくできているように見えてきます。あたかも、宇宙に宇宙を観測できる存在が誕生できるように、基本法則が微調整されているかのようです。

それを、「神様」に頼らずに説明しようとするのが、人間原理です。宇宙が一つしかないとすると、人間にとって都合のよい基本法則は神様の匙加減のようにも思えてきますが、もし宇宙が無数にあるのなら、神様を持ち出す必要はありません。「電磁気力の強さ」や「陽子と電子の質量比」「重力の強さ」「暗黒エネルギーの量」「空間の次元」などが、私たちの宇宙と大きく異なる宇宙も、たくさん生まれている。でも、そこでは星も知的生命体も生まれていない。私たちが太陽に近すぎる水星や遠すぎる海王星でなく、知的生命体への進化に適した地球の上にいるように、私たちのこの宇宙が、たまたま私たちにとって「ちょうどよい基本法則」を持っていたのだ——という考え方です。

## 相対論と量子力学を融合する唯一の候補

しかしこの人間原理は、科学にとっての「最終兵器」のようなものだと私は思います。説得力のある仮説なのは確かですし、実際そうである可能性はありますが、安易にこの考え方に頼るべきではない。最初から人間原理で考えていると、実は理論から演繹できる現象を見逃して「偶然」で片づけてしまうおそれがあるからです。

物理学の歴史においては、偶然に決まっていると思われていたことの多くが、より基本的な法則が発見されることで、理論の必然として説明できるようになりました。たとえば、ニュートンの万有引力の法則は重力現象を説明しましたが、重力質量（重さ）と慣性質量（動かしにくさ）がどうして同じものなのかを説明できませんでした。ニュートンが答えられなかったその疑問に、アインシュタインが一般相対論で答えを出したのです。

もう一つ例を挙げましょう。私たちの宇宙は、三次元方向にはほとんど平坦であることがわかっています。これは、宇宙の膨張のエネルギーと物質のエネルギーが絶妙につりあっているからです。もしもビッグバンの一秒後に、この二つのエネルギーがわずか一〇〇兆分の一でもズレていたら、宇宙の膨張がそのズレを増幅するので、宇宙はすぐに収縮して潰れてしまうか、急激に膨張して冷え切ってしまっていたことでしょう。これでは、生命が生まれて進化をする時間がありません。宇宙の始まりのときの膨張エネルギーと物質のエネルギーの、このような絶妙なつりあいは、人間原理でないと説明できないのでしょうか。

実は、そうではありません。インフレーション理論によると初期宇宙は加速的膨張によって宇宙がアイロンをかけられたように真っ平らになるので、一〇〇兆分の一の精度の微調節も自然に起きます。つまりこの理論では、人間原理に頼らなくても、宇宙の平坦さが説明できるのです。

人間原理に安易に頼るべきではないというのは、このように一見偶然に見えることでも、よく考えると理論の必然として説明できることがあるからです。

その一方で、素粒子の標準模型のすべてを基礎理論から必然のものとして導出しようとすることは、惑星の軌道を理論から演繹する試みのように、無駄骨に終わる可能性もあります。素粒子の標準模型の建設に大きく貢献しノーベル賞を受賞したスティーブン・ワインバーグは、アメリカの雑誌『ハーパーズ』の最近のインタビューで、

「私たちは、自然界の基本法則を理解する道筋の、歴史的な分かれ目に立っている。もしマルチバース（多重宇宙）の考えが正しければ、基礎物理学の研究は劇的に変化することになる」

と述べています。

そもそも、太陽と地球の距離が人間原理によって説明できたのは、太陽系内に地球以外の惑星があり、また宇宙全体に太陽系に似た惑星系がたくさんあって、惑星の軌道は歴史的偶然によって決まっていることを知っているからです。同様に、人間原理が素粒子の標準模型の説明になるためには、一〇の五〇〇乗のような膨大な数の可能な自然法則があり得て、それらが宇宙全体の進化の中で実現されていることを示す必要があります。この問題に決着をつけることができる理論は、いまのところ超弦理論しかありません。人間原理に基づく考察に意味があるかどうかを判定するためには、超弦理論の理解を深めて、自然法則のどの部分が偶然によって定まり、どの部分が基本原理から導出できるのかを理解する必要があるのです。

幸運なことに、超弦理論は素粒子の標準模型を作るために必要な要素を、すべて備えています。だからこそ、八〇年以上も未解決だった「相対論と量子力学の融合」という困難な問題を解決する唯一の候補となりました。厚い岩盤の裂け目から差し込む一筋の光のような理論なのです。

もちろん、実験的な検証を進める必要もあります。いまのところ、この分野は理論が先行しており、それを検証する作業が追いついていません。そのため、「超弦理論は検証不能なのではないか」という疑問の声も聞かれます。

しかし物理学の世界では、理論に実験的検証が追いつくまでに長い時間がかかることが少なくありません。たとえばニュートン力学はすぐに理論としての有効性が確立しましたが、その重力が「万有」であることがキャベンディッシュの実験によって検証されるまでには、一〇〇年を超える歳月がかかりました。

また、すべての物質が「原子」からできているとする考え方は古代ギリシャまでさかのぼりますが、近代的な原子論は一八〇八年に出版されたジョン・ドルトンの『化学の新体系』に始まるとされます。ところが十九世紀の終わり頃になっても原子が観測されず、その理論は批判されていました。科学哲学者のエルンスト・マッハらの批判が、原子論を使ってエントロピーの微視的定義を与えたルートビッヒ・ボルツマンを自殺に追いやったことはよく知られています。原子の存在を示す直接的な証拠は、一九〇五年（奇跡の年）にアインシュタインがブラウン運動の理論を発表するまで見つからなかったのです。このアインシュタインの「$E = mc^2$」も、検証までに二七年かかっています。

超弦理論も、近い将来に検証が可能になるかもしれません。たとえば、現在進行中の暗黒物質の探索の結果によっては、その説明に超弦理論が必要になることが考えられますし、また、初期宇宙からの重力波を観測できるようになれば、超弦理論を使った宇宙論が直接検証されるようになるでしょう。それ以外にも、重力にまつわる実験プロジェクトがさまざまな形で進んでいることは、本書でもお話ししてきました。そのすべてが、重力理論の最先端である超弦理論と何らかの形で関係しています。実験的な検証が進めば、それを踏まえて理論もさらに進歩するはずです。

科学とは、自然を理解するために新しい理論を構築していく作業です。実験的検証がその重要なステップであることは言うまでもありませんが、科学の進歩とはそれだけで測られるものではありません。ある分野から生まれた新しいアイデアが科学者のコミュニティの中でどのように受け入れられているか、それがどれだけ新しい研究を触発しているかということも、その分野の進歩を測る重要な目安だと思います。

すなわち、科学とはアイデアの自由市場なのです。力強いアイデア、美しいアイデアには自然と多くの研究者が集まり、そのようなアイデアを生み出す分野が発達していくのです。超弦理論のような高度に数学的な理論研究から、暗黒物質や暗黒エネルギーの正体を見定めようとする実験や初期宇宙の姿を探ろうとする観測にいたるまで、重力の根源的な問題を解明しようとするこの分野は現在活気に溢れています。

本書をきっかけにこの世界に興味を持たれたら、ぜひ、今後の成り行きにも注目し続けてください。ニュートン力学、マクスウェルの電磁気学、アインシュタイン理論、量子力学……と、本書ではすでに確立した理論をたくさん紹介してきましたが、超弦理論は「これから」の理論です。それが進歩し、世界を説明する「究極」の理論に近づいていくのを同時代人として見る。あるいは、自ら研究者としてその当事者となってもいいでしょう。これは人類の経験している最もエキサイティングな知的冒険の一つである、と私は思います。

# あとがき

私は研究成果を論文にするときに、読んでもらいたい研究者を思い浮かべます。どのように書き始めれば問題意識を共有してもらえるだろうか、どのように話を組み立てれば納得してもらえるだろうかなどと考えながら執筆をします。

本書を書くときに思い浮かべたのは、卒業以来会っていない高校の同窓生でした。私とは違う道に進み科学からは遠ざかっているものの、好奇心は相変わらず旺盛で、筋道だてて説き起こしていけば理解してくれる。そんな友人に三〇年ぶりに再会して、私が大学で勉強し、大学院で研究を始め、今日まで考えてきたことを語るつもりで書きました。

久しぶりに会ったので、一緒に勉強をした高校の理科から話を始めます。しかし、説明を簡単にするためにごまかしてはいけない。大切だと思うことはきちんとわかってもらえるように、少しぐらい話が長くなっても丁寧に説明しました。みなさんも本書を読んでいくと、いままで聞いたことのない概念に出合って、ときには立ち止まり、本を伏せて考えをめぐらせなければいけないところもあるかもしれません。そうして新しい考え方を理解したときに、世界の見方がこれまでと少し変わって見えるような気がしたら、私がこの本を書いた意図は達成されたことになります。

「科学には国境はないが、科学者には祖国がある」というのは、フランスの生化学者ルイ・パスツールの言葉です。私は日本で大学院まで教育を受けましたが、カリフォルニアの大学で教鞭をとるようになってから一八年になります。幸いなことに、二〇〇七年から、東京大学に設置されたカブリＩＰＭＵに主任研究員として参加できるようになり、毎年三カ月のあいだ、千葉県にある柏キャンパスで超弦理論を中心とする物理学と数学の研究に取り組んでいます。日本に定期的に帰るようになって、一般の方々を対象にした市民講座での講演や科学解説記事の執筆を依頼される機会も増えました。私自身、小学生のときにさまざまな啓蒙書を読んで科学に興味を持ち科学者への道を進んだので、今回このような新書を書く機会をいただき感謝しています。

本書の企画は、重力の七不思議から説き起こし、相対性理論と量子力学の大切なところをきちんと押さえ、さらに超弦理論の最新の発展やホログラフィー原理までを解説するという野心的なものでした。重力はきわめて身近な力でありながら、自然界の基本法則の要《かなめ》であり、自然の最も深く揺るぎのない真実につながっています。ですから、あの話も伝えたい、この話題も盛り込みたいと、語りだすときりがありません。これを新書一冊の長さにまとめるために力を振るわれた岡田仁志さん、ありがとうございました。また、幻冬舎新書編集長の小木田順子さんは、企画の段階から辛抱強くお付き合いくださいました。科学解説書を書き下ろすのは初めてのことなので、手のかかる著者だったと思います。また、新書の執筆をお勧めくださったカブリIPMU機構長の村山斉さんにも感謝します。

科学を学ぶときに、その歴史を知ることは役に立ちます。科学は、自分たちの住むこの世界のことを知るために、人類が数千年かけて試行錯誤をしながら積み重ねてきたアイデアの宝庫です。先人たちの努力の跡を知ることで、科学に対する矮小化された見方から解き放たれ、現在の研究をこの大きな流れの中に位置づけることができるようになります。

また、科学の知識は、そのままでは無味乾燥なものだと思われがちですが、その発見の背景にはさまざまなドラマがあり、それを知ることは理解の助けにもなります。そこで本書でも、科学者たちの逸話を織り交ぜながら話を進めました。なかでもアインシュタインは前半の主人公なので、いくつかの逸話については、カリフォルニア工科大学の同僚でアインシュタイン・ペーパー・プロジェクトのディレクターであるダイアン・コルモス＝ブッフバルトさんに確認していただきました。

最後になりましたが、私を学問の世界に導いてくださった先生方、一緒に勉強してきた友人たち、またいつも心の支えとなってくれている両親や家族に感謝の気持ちを表したいと思います。

二〇一二年四月

大栗博司

## 著者略歴

### 大栗博司《おおぐりひろし》

一九六二年生まれ。京都大学理学部卒業。
京都大学大学院理学研究科修士課程修了。理学博士。
東京大学助手、プリンストン高等研究所研究員、シカゴ大学助教授、
京都大学助教授、カリフォルニア大学バークレイ校教授などを経て、
現在、カリフォルニア工科大学カブリ冠教授および数物天文部門副部門長、
東京大学国際高等研究所カブリ数物連携宇宙研究機構(カブリIPMU)
主任研究員。専門は素粒子論。超弦理論の研究に対し
二〇〇八年アイゼンバッド賞(アメリカ数学会)、
高木レクチャー(日本数学会)、〇九年フンボルト賞、仁科記念賞受賞。
著書に『素粒子論のランドスケープ』(数学書房)がある。

幻冬舎新書 260

# 重力とは何か
## アインシュタインから超弦理論へ、宇宙の謎に迫る

二〇一二年五月 三十 日 第一刷発行
二〇一二年六月二十九日 第五刷発行

著者 大栗博司

発行人 見城 徹
編集人 志儀保博
発行所 株式会社 幻冬舎
〒一五一-〇〇五一東京都渋谷区千駄ヶ谷四-九-七
電話 〇三-五四一一-六二一一(編集)
〇三-五四一一-六二二二(営業)
振替 〇〇一二〇-八-七六七六四三
ブックデザイン 鈴木成一デザイン室
印刷・製本所 株式会社 光邦


Printed in Japan ISBN978-4-344-98261-1 C0295
お-13-1
幻冬舎ホームページアドレス http://www.gentosha.co.jp/
*この本に関するご意見・ご感想をメールでお寄せいただく場合は、comment@gentosha.co.jpまで。

幻冬舎新書

村山斉
## 宇宙は何でできているのか
素粒子物理学で解く宇宙の謎

物質を作る究極の粒子である素粒子。物質の根源を探る素粒子研究はそのまま宇宙誕生の謎解きに通じる。「すべての星と原子を足しても宇宙全体のほんの4％」など、やさしく楽しく語る素粒子宇宙論入門。

野本陽代
## ベテルギウスの超新星爆発
加速膨張する宇宙の発見

ベテルギウスは星としての晩年を迎え、星が一生の最後に自らを吹き飛ばす「超新星爆発」をいつ起こしてもおかしくない。爆発したら何が起こるのか？　人類史上最大の天体ショーをやさしく解説。

巽好幸
## 地球の中心で何が起こっているのか
地殻変動のダイナミズムと謎

なぜ大地は動き、火山は噴火するのか。その根源は、6000度もの高温の地球深部と、地表の極端な温度差にあった。世界が認める地質学者が解き明かす、未知なる地球科学の最前線。

高井研
## 生命はなぜ生まれたのか
地球生物の起源の謎に迫る

40億年前の原始地球の深海で生まれた最初の生命は、いかにして生態系を築き、我々の「共通祖先」となりえたのか。生物学、地質学の両面からその知られざるメカニズムを解き明かす。

# 幻冬舎新書

田沼靖一
## ヒトはどうして死ぬのか
死の遺伝子の謎

いつから生物は死ぬようになったのか？　ヒトが誕生時から内包している「死の遺伝子」とは何なのか？　細胞の死と医薬品開発の最新科学を解説しながら新しい死生観を問いかける画期的な書。

森博嗣
## 科学的とはどういう意味か

科学的無知や思考停止ほど、危険なものはない。今、個人レベルで「身を守る力」としての科学的な知識や考え方とは何か――。元・N大学工学部助教授の理系人気作家による科学的思考法入門。

竹内健
## 世界で勝負する仕事術
最先端ITに挑むエンジニアの激走記

半導体ビジネスは毎日が世界一決定戦。世界中のライバルと鎬を削るのが当たり前の世界で働き続けるとはどういうことなのか？　フラッシュメモリ研究で世界的に知られるエンジニアによる、元気の湧く仕事論。

深代千之　長田渚左
## スポーツのできる子どもは勉強もできる

「東大入試に体育を」と提唱するスポーツ科学の第一人者と、数々のトップアスリートを取材してきたジャーナリストが、学力と運動能力の驚くべき関係を明らかにする。「文武両道」子育てのすすめ。

幻冬舎新書

中川右介
## 二十世紀の10大ピアニスト
ラフマニノフ／コルトー／シュナーベル／バックハウス／ルービンシュタイン／アラウ／ホロヴィッツ／ショスタコーヴィチ／リヒテル／グールド

現代にない〈巨匠イズム〉をもつ大ピアニストたちは、二つの大戦とナチ政権、国境に翻弄されながら、その才能を同時多発的に開花させていた。10人の巨匠の出会い、からみ合う数奇な運命。

伊東乾
## 人生が深まるクラシック音楽入門

いくつかのツボを押さえるだけで無限に深く味わえるクラシックの世界。「西洋音楽の歴史」「楽器とホールの響きの秘密」「名指揮者・演奏家の素顔」などをやさしく解説。どんどん聴きたくなるリストつき。

中川右介
## 世界の10大オーケストラ

近代の産物オーケストラはいかに戦争や革命の影響を受けたか？　「カラヤン」をキーワードに10の楽団を選び、その歴史を指揮者、経営者他の視点で綴った、誰もが知る楽団の知られざる物語。

荘司雅彦
## 13歳からの法学部入門

君が自由で安全な毎日を送れるのは法律があるからだ。では法律さえあれば正義は実現するのか？　君の自由と他人の自由が衝突したら、法律はどう調整するのか？　法律の歴史と仕組みをやさしく講義。

# 幻冬舎新書

杉本裕明　服部美佐子
## ゴミ分別の異常な世界
リサイクル社会の幻想

「混ぜればごみ、分ければ資源」は本当か!?　世界一の34分別を誇る徳島県上勝町をはじめ、日本各地を徹底取材。減らないごみ、上がらないリサイクル率、バカ高い収集費用……矛盾だらけの現実が明らかに！

宮台真司
## 日本の難点

すべての境界線があやふやで恣意的（デタラメ）な時代。「評価の物差し」をどう作るのか。人文知における最先端の枠組を総動員してそれに答える「宮台真司版・日本の論点」、満を持しての書き下ろし!!

平林亮子
## 相続はおそろしい

相続の恐怖は相続税ではない。本当にこわいのは遺産分割であり、これは財産が少ないほど深刻な諍いを引き起こす。骨肉の争いを防ぐために会計のプロが自らの体験をもとに相続の基本を指南。

小山薫堂
## もったいない主義
不景気だからアイデアが湧いてくる！

世の中の至るところで、引き出されないまま眠っているモノやコトの価値。それらに気づき、「もったいない」と思うことこそ、アイデアを生む原動力だ。世界が認めたクリエイターの発想と創作の秘密。

# 幻冬舎新書

武田邦彦

## 偽善エコロジー

「環境生活」が地球を破壊する

「エコバッグ推進はかえって石油のムダ使い」「割り箸は使ったほうが森に優しい」「家電リサイクルに潜む国家ぐるみの偽装とは」……身近なエコの過ちと、「環境」を印籠にした金儲けのカラクリが明らかに！

若林亜紀

## 公務員の異常な世界

給料・手当・官舎・休暇

地方公務員の厚遇は異常だ。地方独自の特殊手当と福利厚生で地元住民との給与格差は開くばかり。みどりのおばさんに年収８００万円支払う自治体もある。彼らの人件費で国が破綻する前に公務員を弾劾せよ！

伊藤真

## 続ける力

仕事・勉強で成功する王道

「コツコツ続けること」こそ成功への最短ルートである！　司法試験界のカリスマ塾長が、よい習慣のつくり方、やる気の維持法など、誰の中にも眠っている「続ける力」を引き出すコツを伝授する。

斎藤環

## 思春期ポストモダン

成熟はいかにして可能か

メール依存、自傷、解離、ひきこもり……「社会」を前に立ちすくみ確信的に絶望する若者たちに、大人はどんな成熟のモデルを示すべきなのか？　豊富な臨床経験と深い洞察から問う若者問題への処方箋。